丰辉核桃青果

U0249776

丰辉核桃坚果

鲁光核桃结果状

鲁光核桃青果

鲁果 1 号核桃结果状

鲁果 1 号核桃青果

鲁果 2 号核桃青果

鲁果 9 号核桃结果状

鲁果 9 号核桃青果

鲁果 9 号核桃坚果

鲁果 10 号核桃结果状

鲁果 10 号核桃青果

鲁果 11 号核桃青果

鲁果 12 号核桃青果

鲁核 1 号核桃青果

麻核桃坚果

4

核桃高效栽培10项关键技术

编 著 者

张美勇　　徐　颖　　王新亮

李国田　　相　昆　　薛培生

郝文强　　王永生　　石立刚

金盾出版社

内 容 提 要

本书内容包括:核桃优良品种,核桃苗木繁育,合理规划,精心建园,核桃园土肥水管理,核桃整形修剪培养合理树形,核桃的花果管理,核桃的采收及处理,核桃病虫害防治,植物检疫与农业防治,主要自然灾害的防御等10章。该书内容丰富,技术先进,通俗易懂,便于操作,可供果树栽培者阅读参考。

图书在版编目(CIP)数据

核桃高效栽培10项关键技术/张美勇等编著.—北京:金盾出版社,2014.5(2018.2重印)

ISBN 978-7-5082-9170-3

Ⅰ.①核… Ⅱ.①张…②徐… Ⅲ.①核桃—果树园艺 Ⅳ.①S664.1

中国版本图书馆 CIP 数据核字(2014)第 022136 号

金盾出版社出版、总发行

北京太平路 5 号(地铁万寿路站往南)

邮政编码:100036 电话:68214039 83219215

传真:68276683 网址:www.jdcbs.cn

封面印刷:北京凌奇印刷有限责任公司

彩页正文印刷:北京军迪印刷有限责任公司印刷

装订:北京军迪印刷有限责任公司印刷

各地新华书店经销

开本:850×1 68 1/32 印张:5.625 彩页:4 字数:120 千字

2018 年 2 月第 1 版第 4 次印刷

印数:13001~16000册 定价:16.00 元

(凡购买金盾出版社的图书,如有缺页、倒页、脱页者,本社发行部负责调换)

前言

　　核桃与扁桃、腰果、榛子并称为世界著名的"四大干果"，古时将其称之为"万岁子""长寿果""养人之宝"等。有研究表明，长期摄入核桃脂肪能阻滞胆固醇的形成并使之排出体外，有效降低心脑血管疾病患者的猝死风险，减少癌症发病率。核桃中蛋白质含量一般在 15％ 左右，通常由清蛋白、球蛋白、醇溶谷蛋白和谷蛋白 4 种蛋白组成，还含有丰富的维生素和钙、铁、磷、锌等多种营养元素。2011 年国家林业局将核桃列为"十二五"期间 6 个战略性干果产业之一。随着人们对核桃营养价值的深入了解和生活水平的提高，国内核桃消费量不断增加。

　　但是，在我国核桃生产中，大部分核桃为实生繁殖，后代分离严重，果实良莠不齐，多数果壳较厚、出仁率低、取仁较难，产量低、品质差，缺乏市场竞争力。

　　为了使广大果农更好地了解核桃生产，提高核桃的产量和品质，增加效益，我们在从事多年核桃科研和生产实践的基础上，参考大量资料，编著此书，希望能为我国核桃栽培生产起到一定的指导作用。

　　本书参考和引用了国内外研究领域的著作、学术论文等，由于文献多，篇幅有限，许多文献没能一一列出，在此向他们表示诚挚的感谢。

由于编者水平有限，经验不足，书中难免有不妥之处，恳请各位同行和读者批评指正。

编 著 者

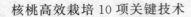

第一章　核桃优良品种

在我国核桃生产中,大部分核桃为实生繁殖,其后代分离广泛,果实良莠不齐,多数果壳较厚、出仁率低、取仁较难,产量、品质差异很大,缺乏市场竞争力。这也是造成我国核桃出口量和出口价格较低的主要原因。

一、选择良种的标准

良种是建园的基础,也是丰产稳产的保证。因此,建园品种的选择是核桃生产的关键。目前,通过国家级和省级鉴定的核桃品种很多,但不一定都适合当地种植。选择品种前应对当地气候、土壤、降雨量等自然条件和待选核桃品种的生长习性等进行全面的调查研究。在确定品种上,应重点考虑以下几个方面:

(一)充分考虑良种的生态适应性

品种的生态适应性是指经过引种驯化栽培后,品种完全适应当地气候环境,园艺性状和经济特性等符合当地推广要求。因此,选择品种时一定要选择经过省级以上鉴定的,且在本地引种试验中表现良好,适宜在本地推广的品种。确定品种前,应该先咨询专家,查阅引种报告,实地考察当地品种示范园。如以上信息均没有,也可以先少量引种栽植观察该品种是否适宜本地栽培,切勿盲目大量栽植。一般来讲,北方品种引种到南方能正常生长,南方品种引种到北方则需要慎重,必须经过严格的区域试验。

(二)适地选择主栽品种

优良品种是核桃生产发展的基础。经过多年努力,我国已选出了一批优良品种,如'薄壳香''香玲'等,但这些品种大多是从新疆核桃实生后代中选出的。这些品种大都存在不同程度的问题。如:新疆核桃具有早实丰产性,但也普遍存在抗病性较差的问题,尤其是果实成熟期的炭疽病、黑斑病及树势衰弱后的枝枯病等危害较重;华北核桃具有晚实、内种皮颜色较深等不足。选择品种一定要根据当地的土壤、气候、灌溉等条件并结合品种特性来决定主栽品种。

选择主栽品种时一定要注意适地原则。目前,通过国家级、省级鉴定的核桃品种从结果时间上分为早实品种和晚实品种。早实品种一般结果较早,嫁接后 2～3 年内开始结果,早期产量高,适于矮化密植,但是有的早实品种抗病性、抗逆性较差,适宜肥水条件好,管理良好的平原栽培。晚实品种早期丰产性相对较差,嫁接后 3～5 年才开始结果,但是树势健壮,丰产期长,抗病性、抗逆性相对较强,可在立地条件较差、管理粗放的山地、丘陵地区栽植。

(三)选择适宜的授粉品种

每个核桃园都应该根据各个品种的主要特性、当地的立地条件和管理水平,选择 1～2 个主栽品种。品种不宜过多,以免管理不便,增加生产成本。核桃系风媒花。花粉传播的距离与风速、地势有关,在一定距离内,花粉的散布量随风速增加而加大,但随距离的增加而减少。一定要选择 1～2 个花期一致的授粉品种,按(5～8):1 的比例,呈带状或交叉状种植。

二、核桃品种

(一)早实品种

1. 香铃 山东省果树研究所以'上宋 6 号'בˊ阿克苏 9 号'为亲本杂交育成的早实核桃品种,1989 年定名。

树势较强,树姿较直立,分枝力较强,树冠呈半圆形。嫁接后第二年开始形成混合芽,坐果率 60% 左右。坚果近圆形,果基平圆,果顶微尖,单果重 12 克左右。壳面光滑,缝合线窄而平,结合紧密,外形美观。壳厚 0.8～1.1 毫米,内褶壁退化,横膈膜膜质,核仁充实饱满,易取整仁,出仁率 63% 左右。

在山东泰安地区 3 月下旬萌发,4 月 10 日左右为雄花期,4 月 20 日左右为雌花期,雄先型。8 月下旬坚果成熟,11 月上旬落叶。

该品种适应性较强,较抗寒,耐旱,抗病性较差。具有早期丰产特性,盛果期产量较高,大小年不明显。适宜在土层深厚的山地、丘陵地区和平原林粮间作栽培种植。目前,在我国北至辽宁省,南至贵州省、云南省,西起西藏自治区、新疆维吾尔自治区,东至山东省等地都有大面积栽培。

2. 岱丰 山东省果树研究所从早实核桃'丰辉'实生后代中选出,2012 年通过国家林木良种审定委员会审定。

树势较强,树姿直立,树冠呈圆头形。嫁接苗定植后,第一年开花,第二年结果,坐果率 70%。坚果长椭圆形,基部圆,果顶微尖,单果重 13～15 克。壳面较光滑,缝合线紧密,稍凸。壳厚 0.9～1.1 毫米,内褶壁膜质,纵膈不发达,核仁饱满,易取整仁,出仁率 55%～60%。

在山东泰安地区 3 月下旬萌发,4 月上旬为雄花期,4 月中旬雄花开放,4月下旬雌花开放,雄先型,9月上旬坚果成熟,11月上旬落叶。其雌花期与'鲁果3号'等雌先型品种的雄花期基本一致,可作为授粉品种。

该品种在山东省、山西省、河北省、湖北省、北京市等地有栽培。

3. 岱辉　山东省果树研究所实生选育而得,2004年通过山东省林木良种审定委员会审定。

树姿开张,树冠密集紧凑,圆形,分枝力强。嫁接苗定植后,第一年开花,第二年开始结果,坐果率77%,多双果和三果。坚果圆形,单果重11.6～14.2克。壳面较光滑,缝合线紧而平。壳厚0.8～1.1毫米,核仁饱满,可取整仁,出仁率58.5%。

在山东省泰安地区3月中旬萌动,下旬发芽,4月10日左右为雄花期,4月中旬雌花开放,雄先型,9月上旬坚果成熟,11月中下旬落叶。

该品种在山东省、山西省、河北省、河南省等地有栽培。

4. 岱香　山东省果树研究所以'辽宁1号'×'香玲'为亲本杂交育成,2012年通过国家林木良种审定委员会审定。

矮化紧凑型品种,树姿开张,树冠圆形。嫁接苗定植后,第一年开花,第二年开始结果,坐果率70%,多双果和三果。坚果圆形,浅黄色,果基圆,果顶微尖,单果重13～15.6克。壳面较光滑,缝合线紧,粗而稍凸。壳厚0.9～1.2毫米,核仁饱满,易取整仁,出仁率55%～60%。

在山东省泰安地区3月下旬发芽,4月中旬雄花开放,4月下旬为雌花期,雄先型,9月上旬坚果成熟,11月上旬落叶。其雌花期与'辽宁5号''鲁果6号'等雌先型品种的雄花期基本一致,可互为授粉品种。

目前,该品种在山东省、四川省、河北省、河南省等地有栽培。

5. 鲁光　山东省果树研究所以'新疆卡卡孜'×'上宋6号'

为亲本杂交育成的早实核桃品种,1989 年定名。

树势中庸,树姿开张,分枝力较强,树冠呈半圆形。嫁接后第二年开始形成混合芽,以长果枝结果为主,坐果率 65% 左右。坚果长圆形,果基圆,果顶微尖,单果重 15～17 克。壳面光滑,缝合线窄而平,结合紧密,外形美观。壳厚 0.8～1.0 毫米,内褶壁退化,横膈膜膜质,核仁充实饱满,易取整仁,出仁率 59% 左右。

在山东省泰安地区 4 月 10 日左右为雄花期,4 月 18 日左右为雌花期,雄先型,8 月下旬坚果成熟,10 月下旬落叶。

该品种不耐干旱,早期生长势较强,产量中等,盛果期产量较高。适宜在土层深厚的山地、丘陵地区栽培种植。主要在山东省、河南省、河北省、山西省和陕西省等地有一定栽培面积。

6. 鲁丰 山东省果树研究所杂交育成,1985 年选出,1989 年定为优系。

树势中庸,树姿直立,分枝力较强,树冠呈半圆形。坐果率 80% 左右。坚果椭圆形,单果重 10～12 克。壳面多浅沟,不光滑,缝合线窄,稍隆起,结合紧密。壳厚 1.0～1.2 毫米,内褶壁退化,横膈膜膜质,核仁充实饱满,可取整仁,出仁率 58%～62%。

在山东省泰安地区 3 月下旬萌发,4 月 8 日左右为雌花期,4 月 15 日左右为雄花期,雌先型,8 月下旬坚果成熟,11 月下旬落叶。

该品种抗病中等,丰产性强,坚果品质优良,适宜在土层深厚的立地条件下栽培种植。已在山东省、山西省等地有栽培。

7. 鲁果 1 号 1981 年,山东省果树研究所从新疆核桃实生苗中选出,1988 年定为优系。

树势中庸,树姿较直立,分枝力中等,树冠呈半圆形。坐果率 80% 左右。坚果椭圆形,果基平圆,果顶平圆,果肩微凸。单果重 12～14 克。壳面刻沟浅,较光滑,缝合线平,结合紧密。壳厚 1.1～1.3 毫米,内褶壁退化,横膈膜膜质,核仁充实饱满,可取整仁,出仁率 55%～59%。该品种抗病性较差。

在山东省泰安地区 3 月下旬萌发,4 月中旬为雄花期,4 月下旬为雌花期,雄先型,8 月下旬坚果成熟。

8. 鲁果 2 号 山东省果树研究所从新疆早实核桃实生后代中选出,2012 年通过国家林木良种审定委员会审定。

树姿较直立,母枝分枝力强,树冠呈圆锥形。嫁接苗定植后第二年开花,第三年结果,坐果率 68%,多双果和三果。坚果圆柱形,基部一侧微隆,另一侧平圆,果顶圆形,单果重 14～16 克。壳面较光滑,有浅刻纹,淡黄色,缝合线平,结合紧密。壳厚 0.8～1.0 毫米,内褶壁退化,横膈膜膜质,核仁充实饱满,易取整仁,出仁率 56%～60%。

在山东省泰安地区 3 月下旬萌发,4 月上旬为雄花期,4 月 10 日左右为雄花盛期,4 月中旬雌花开放,雄先型,8 月下旬坚果成熟。

该品种在山东省、河南省、河北省、湖北省等地有一定栽培面积。

9. 鲁果 3 号 山东省果树研究所从新疆早实核桃实生后代中选出,2007 年通过山东省林木良种审定委员会审定。

树势较强,树姿开张,树冠呈圆形。嫁接苗定植后第一年开花,第二年结果,坐果率 70%。坚果近圆形,基部圆形,果顶平圆,单果重 11～12.8 克。壳面较光滑,浅黄色,缝合线两侧具刻窝,缝合线结合紧密。壳厚 0.9～1.1 毫米,内褶壁膜质,纵膈膜不发达,核仁充实饱满,易取整仁,出仁率 58%～65%。

在山东省泰安地区 3 月下旬萌发,4 月中旬雌花开放,4 月下旬为雄花期,雌先型。9 月上旬坚果成熟,11 月上旬落叶。

该品种在山东省、河南省、河北省、山西省等地有一定栽培面积。

10. 鲁果 4 号 山东省果树研究所实生选出的大果型核桃品

种,2007 年通过山东省林木良种审定委员会审定。

树姿较直立,树冠长圆头形。嫁接苗定植后第一年开花,坐果率 70%,多双果和三果。坚果长圆形,果基、果顶均平圆,单果重 16.5～23.2 克。壳面较光滑,缝合线紧密,稍凸,不易开裂。壳厚 1.0～1.2 毫米,内褶壁膜质,纵膈膜不发达,核仁饱满,可取整仁,出仁率 52%～56%。综合坚果品质上等。

在山东省泰安地区 3 月下旬萌发,4 月中旬雄花开放,4 月下旬为雌花期,雄先型,9 月上旬坚果成熟,11 月上旬落叶。

该品种在山东省、河南省、河北省、北京市等地有一定栽培面积。

11. 鲁果 5 号 山东省果树研究所实生选出的大果型核桃品种,2007 年通过山东省林木良种审定委员会审定。

树势强,树姿开张,树冠呈圆头形。嫁接苗定植后第一年开花,第二年开始结果,坐果率 87%,多双果和三果。坚果长卵圆形,果基平圆,果顶尖圆,单果重 16.7～23.5 克。壳面较光滑,缝合线紧平。壳厚 0.9～1.1 毫米,内褶壁退化,横膈膜膜质,核仁饱满,可取整仁,出仁率 55.36%。综合坚果品质上等。

在山东省泰安地区 3 月下旬萌发,4 月中旬雄花开放,4 月下旬为雌花期,雄先型,9 月上旬坚果成熟,11 月上旬落叶。其雌花期与'鲁丰'等雌先型品种的雄花期基本一致,可作为授粉品种。

该品种在山东省、山西省、河南省、河北省、四川省等地有一定栽培面积。

12. 鲁果 6 号 山东省果树研究所从新疆早实核桃实生后代中选出的核桃品种,2009 年通过山东省林木良种审定委员会审定。

树势中庸,树姿较开张,树冠呈圆形,分枝力较强。嫁接后第二年形成混合花芽,坐果率 60%,多双果和三果。坚果长圆形,果基尖圆,果顶圆微尖,单果重 14.4 克。壳面刻沟浅,光滑美观,浅黄色,缝合线窄而平,结合紧密。壳厚 1.2 毫米左右,内褶壁退化,横膈膜膜质,核仁充实饱满,易取整仁,出仁率 55.36%。

在山东省泰安地区 3 月下旬萌发,4 月 7 日左右为雌花期,4 月 13 日左右为雄花开放,雌先型。8 月下旬坚果成熟,11 月上旬落叶。

该品种适宜于土层肥沃的地区栽培,目前,在山东省泰安、济南、临沂等地区有小面积栽培。

13. 鲁果 7 号 山东省果树研究所以'香玲'×华北晚实核桃优株为亲本杂交育成的早实核桃品种,2009 年通过山东省林木良种审定委员会审定。

树势较强,树姿较直立,树冠呈半圆形,分枝力较强。坐果率 70%。坚果圆形,果基、果顶均圆,单果重 13.2 克。壳面较光滑,缝合线平,结合紧密,不易开裂。壳厚 0.9～1.1 毫米,内褶壁膜质,纵膈不发达,核仁饱满,易取整仁,出仁率 56.9%。

在山东省泰安地区 3 月下旬萌发,4 月中旬雄花、雌花均开放,雌雄花期极为相近,但为雄先型,9 月上旬坚果成熟,11 月上旬落叶。

该品种适宜于土层肥沃的地区栽培,目前,在我国部分核桃栽培地区有引种栽培。

14. 鲁果 8 号 山东省果树研究所从岱香实生后代中选出,2009 年通过山东省林木良种审定委员会审定。

树姿较直立,树冠长圆形。嫁接苗定植后,第一年开花,第二年开始结果,坐果率 70%,多双果。坚果近圆形,单果重 12.6 克。壳面较光滑,缝合线紧密,窄而稍凸,不易开裂。壳厚 1.0 毫米,内褶壁膜质,纵膈不发达,核仁饱满,可取整仁,出仁率 55.1%。

在山东省泰安地区 3 月底萌发,4 月中旬雄花开放,4 月下旬雌花开放,雄先型,在开花结果期间,由于其发育期相对较晚,较少遭遇晚霜危害。9 月上旬坚果成熟,11 月上旬落叶。

目前,在山东省及附近地区核桃栽培区有引种栽培。

15. 鲁果 9 号 山东省果树研究所从早实核桃实生后代中选出,2012 年定名。2012 年通过山东省林木良种审定委员会审定。

坚果锥形,果顶尖圆,果基圆,壳面光滑,缝合线紧、平。单果重 13.0 克,壳厚 1.1 毫米,易取整仁。核仁饱满,浅黄色,味香,出仁率 55.5%,脂肪含量 65.8%,蛋白质含量 22.7%,综合品质优良。

树势中庸,树姿开张。分枝力强,坐果率 70% 左右,侧花芽率 85.2%,多双果和三果,以中短果枝结果为主。在山东省泰安,3 月下旬发芽,4 月初展叶,4 月中上旬雄花开放,中下旬雌花开放,雄先型,8 月下旬果实成熟,11 月上旬落叶。

16. 鲁果 10 号 山东省果树研究所从早实核桃实生后代中选出,2012 年定名。2012 年通过山东省林木良种审定委员会审定。

坚果圆形,单果重 11.0 克,壳面光滑,缝合线紧、平。壳厚 0.8 毫米,易取整仁。核仁饱满,浅黄色,味香,出仁率 65.2%,脂肪含量 62.2%,蛋白质含量 19.2%,品质优良。

树姿开张,树势稳健。分枝力强,坐果率 70.7%,侧花芽率 79.6%,多双果和三果,以中果枝结果为主。在山东省泰安地区 3 月下旬发芽,4 月中上旬雄花开放,中下旬雌花开放,雄先型,8 月下旬果实成熟,11 月上旬落叶。

17. 鲁果 11 号 山东省果树研究所从早实核桃实生后代中选出,2012 年定名。2012 年通过山东省林木良种审定委员会审定。

坚果长椭圆形,单果重 17.2 克,壳面光滑,缝合线紧、平。壳厚 1.3 毫米,易取整仁。核仁饱满,浅黄色,味香,出仁率 52.9%,脂肪含量 67.4%,蛋白质含量 18.1%,品质优良。

树势强健,树姿直立。枝条粗壮,分枝力强,坐果率 72.7%,

侧花芽率 81.6%,多双果和三果,以中短果枝结果为主。在山东省泰安地区 3 月下旬发芽,4 月中上旬雄花开放,中下旬雌花开放,雄先型,8 月下旬果实成熟,11 月上旬落叶。

18. 鲁果 12 号　山东省果树研究所从早实核桃实生后代中选出,2012 年定名。2012 年通过山东省林木良种审定委员会审定。

坚果圆形,单果重 12.0 克,壳面较光滑,缝合线紧、平。壳厚 0.8 毫米,易取整仁。核仁饱满,浅黄色,味香,出仁率 69.0%,脂肪含量 61.7%,蛋白质含量 21.6%,品质优良。

树姿开张,树势健壮。分枝力强,坐果率 66.7%,侧花芽率 71.6%,多双果。在山东省泰安地区 3 月下旬发芽,4 月中上旬雌花开放,中下旬雄花开放,雌先型。8 月底果实成熟,11 月上旬落叶。早实、丰产、稳产、抗寒性强。

19. 鲁核 1 号　山东省果树研究所从早实核桃实生后代中选出。1996 年定为优系,1997—2001 年进行复选、决选,2002 年定名。2012 年通过国家林木良种审定委员会审定。

坚果圆锥形,壳面光滑,缝合线紧,不易开裂,耐清洗、漂白及运输;单果重 13.2 克,壳厚 1.2 毫米,可取整仁。内种皮浅黄色,无涩味,核仁饱满,有香味;出仁率 55.0%,脂肪含量 67.3%,蛋白质含量 17.5%,坚果综合品质优良。

树势强,生长快,树姿直立。母枝分枝力强,坐果率 68.7%,侧花芽比率 73.6%,多双果,以中长果枝结果为主。山东省泰安地区 3 月下旬发芽,4 月初展叶,雄花期 4 月中旬,雌花期 4 月下旬,雄先型,8 月下旬果实成熟,11 月上旬落叶。

该品种表现速生、早实、优质、抗逆性强;坚果光滑美观,核仁饱满、色浅、味香不涩,坚果品质优良,是一个优良的果材兼用型核桃新品种。

20. 薄丰　河南省林业科学研究院 1989 年育成,从河南省嵩县山城新疆核桃实生园中选出。

树势强,树姿开张,分枝力较强,树冠圆头形。嫁接后第二年开始形成雌花,第三年出现雄花,以中和短果枝结果为主,坐果率64％左右。坚果卵圆形,果基圆,果顶尖,单果重 11～14 克。壳面光滑,缝合线窄而平,结合紧密,外形美观。壳厚 0.9～1.1 毫米,内褶壁退化,横膈膜膜质,核仁充实饱满,浅黄色,可取整仁,出仁率 55％～58％。

在河南省 3 月下旬萌发,4 月上旬雄花散粉,4 月中旬为雌花盛花期,雄先型。9 月初坚果成熟,10 月中旬开始落叶。

该品种适应性强,抗寒、抗旱、较抗病,丰产,适宜华北、西北黄土丘陵区栽培种植。主要在河南省、山西省、陕西省和甘肃省等地栽培。

21. 绿波 河南省林业科学研究院 1989 年育成,从新疆核桃实生后代中选出。

树势强,树姿开张,分枝力中等。短果枝结果为主,坐果率69％左右,多为双果。坚果卵圆形,果基圆,果顶尖,单果重 11～13 克。壳面较光滑,缝合线较窄而凸,结合紧密。壳厚 0.9～1.1毫米,内褶壁退化,核仁充实饱满,浅黄色,出仁率 54％～59％。

在河南省 3 月下旬萌发,4 月中上旬雌花盛花期,4 月中下旬雄花开始散粉,雌先型,8 月底坚果成熟,10 月中旬开始落叶。

该品种生长势旺,适应性强,抗果实病害,丰产、优质,适宜华北黄土丘陵区栽培种植。

22. 辽宁 1 号 1980 年,辽宁省经济林研究所以河北省昌黎大薄皮 10103 优株 × 新疆纸皮 11001 优株为亲本杂交育成。

树势强,树姿直立或半开张,分枝力强,枝条粗壮密集。结果枝为短枝型果枝,坐果率 60％左右,多双果。坚果圆形,果基平或圆,果顶略呈肩形,单果重 10 克左右。壳面较光滑,缝合线微隆起,结合紧密。壳厚 0.9 毫米左右,内褶壁退化,核仁充实饱满,黄白色,出仁率 59.6%。

在辽宁省大连地区 4 月中旬萌动,5 月上旬雄花散粉,5 月中旬雌花盛花期,雄先型,9 月下旬坚果成熟,11 月上旬落叶。

该品种较耐旱、抗寒,适应性强,丰产,适宜在我国北方地区种植。

23. 辽宁 3 号　1989 年,辽宁省经济林研究所以河北省昌黎大薄皮 10103 优株 × 新疆纸皮 11001 优株为亲本杂交育成。

树势中等,树姿开张,分枝力强,枝条多密集。坐果率 60% 左右,多双果或三果。坚果椭圆形,果基圆,果顶圆并突尖,单果重 10 克左右。壳面较光滑,色浅,缝合线微隆起,结合紧密。壳厚 1.1 毫米左右,内褶壁退化,核仁充实饱满,黄白色,出仁率 59.6%。

在辽宁大连地区 4 月中旬萌动,5 月上旬雄花散粉,5 月中旬雌花盛花期,雄先型,9 月下旬坚果成熟,11 月上旬落叶。

该品种较耐旱、抗寒,适应性强,丰产,适宜在我国北方地区种植。

24. 辽宁 5 号　1990 年,辽宁省经济林研究所以新疆薄壳 3 号的 20905 优株 × 新疆露仁 1 号的 20104 优株为亲本杂交育成。

树势中等,树姿开张,分枝力强,果枝短,属于短枝型。坐果率 80% 左右,多双果或三果。坚果长扁圆形,果基圆,果顶肩状,微突尖,单果重 10.3 克。壳面光滑,色浅,缝合线宽而平,结合紧密。壳厚 1.1 毫米,内褶壁退化,核仁饱满,可取整仁,出仁率 54.4%。

在辽宁省大连地区 4 月上中旬萌动,4 月下旬或 5 月上旬雌花盛花期,5 月中旬雄花散粉,雌先型,9 月中旬坚果成熟,11 月上旬落叶。

该品种适应性强,丰产,坚果品质优良,适宜在我国北方地区种植。

25. 辽宁 7 号 1990 年,辽宁省经济林研究所以新疆纸皮核桃实生后代中的早实后代 21102 优株 × '辽宁朝阳大麻核桃'为亲本杂交育成。

树势强,树姿开张或半开张,中短果枝结果较多,坐果率在 60% 左右。坚果圆形,果基、果顶均为圆形,单果重 10.7 克。壳面极光滑,缝合线窄而平。壳厚 0.9 毫米,内褶壁膜质或退化,核仁充实饱满,可取整仁,出仁率为 62.6%。

在辽宁省大连地区 4 月中旬萌动,5 月上中旬雄花散粉,5 月中旬雌花盛花期,雄先型,9 月下旬坚果成熟,11 月上旬落叶。

该品种适应性强,连续丰产性好,坚果品质优良,适宜在我国北方核桃产区栽培。

26. 辽宁 10 号 2006 年,辽宁省经济林研究所以新疆薄壳 5 号的 60202 优株 × 新疆纸皮 11004 优株为亲本杂交育成。

树势强,树姿直立或半开张,分枝力强,中短果枝结果为主,坐果率 62%,多双果。坚果长圆形,果基微凹,果顶圆而微尖,单果重 16.5 克左右。壳面光滑,色浅,缝合线窄而平或微隆起,结合紧密。壳厚 1.0 毫米,内褶壁膜质或退化,核仁充实饱满,出仁率为 62.4%。

在辽宁省大连地区 4 月中旬萌动,5 月上旬雌花盛花期,5 月中旬雄花散粉,雌先型,9 月中旬坚果成熟,11 月上旬落叶。

该品种丰产性好,坚果大而品质优良,适宜在我国北方核桃产区栽培。

27. 寒丰 1992 年,辽宁省经济林研究所以'新纸皮'× 日本心形核桃为亲本杂交育成。

树势强,树势直立或半开张,分枝力强,中短果枝结果为主,在不授粉的条件下,坐果率可达 60% 以上,具有很强的孤雌生殖能力,多双果。坚果长阔圆形,果基圆,果顶略尖。坚果较大,单果重

14.4 克。壳面光滑,色浅。缝合线窄而平或微隆起。壳厚 1.2 毫米左右,内褶壁膜质或退化,核仁充实饱满,黄白色,可取整仁或半仁,出仁率 54.5%。

在辽宁省大连地区 4 月中旬萌动,5 月中旬雄花散粉,5 月下旬雌花盛花期,雄先型,雌花盛花期最晚可延迟到 5 月末,比一般雌先型品种晚 20～25 天,9 月中旬坚果成熟,11 月上旬落叶。

该品种抗早春晚霜,孤雌生殖能力强,坚果品质优良,特别适宜在我国北方容易遭受春寒危害而造成大量减产甚至绝产的地区栽培。目前,辽宁省、河北省、甘肃省等地种植效果很好。

28. 中林 1 号 中国林业科学研究院林业研究所以涧 9-7-3 × '汾阳串子'为亲本杂交育成,1989 年定名。

树势较强,树姿较直立,分枝力强,树冠椭圆形。结果枝为中短枝型果枝,坐果率 50%～60%,以双果、单果为主。嫁接后第二年结果。坚果圆形,果基圆,果顶扁圆,单果重 14 克,壳面较粗糙,缝合线中宽凸起,结合紧密。壳厚 1.0 毫米左右,内褶壁略延伸,膜质,横膈膜膜质,核仁饱满,浅至中色,可取整仁或 1/2 仁,出仁率 54%。

在北京地区 4 月中旬发芽,4 月下旬雌花盛花期,5 月初雄花散粉,雌先型,9 月上旬坚果成熟,10 月下旬落叶。

该品种生长势较强,生长迅速,丰产潜力大,较易嫁接繁殖。坚果品质中等,适应能力较强,可在华北、华中及西北地区栽培。

29. 中林 3 号 中国林业科学研究院林业研究所以涧 9-9-15 × 汾阳穗状核桃为亲本杂交育成,1989 年定名。

树势较旺,树姿半开张,分枝力较强。嫁接后第二年结果。坚果椭圆形,单果重 11 克。壳中色,较光滑,缝合线窄而凸起,结合紧密。壳厚 1.2 毫米,内褶壁退化,横膈膜膜质,核仁饱满,色浅,可取整仁,出仁率 60%。

在北京地区 4 月下旬雌花开放,5 月初雄花散粉,雌先型,9

月初坚果成熟,10 月末落叶。

该品种适应性较强,较易嫁接繁殖,核仁品质上等,适宜西北、华北地区山地栽培,亦可作为果林兼用树种。

30. 中林 5 号 中国林业科学研究院林业研究所以涧 9-11-12 × 涧 9-11-15 为亲本杂交育成,1989 年定名。

树势中庸,树姿较开张,分枝力较强,树冠长椭圆至圆头形。短果枝结果为主,多双果。坚果圆形,果基、果顶均平,单果重 13.3 克。壳面较光滑,色浅,缝合线窄而平,结合紧密。壳厚 1.0 毫米,内褶壁膜质,横膈膜膜质,核仁充实饱满,可取整仁,出仁率 58%。

在北京地区 4 月下旬雌花盛花期,5 月初雄花散粉,雌先型,8 月下旬坚果成熟,10 月下旬或 11 月初落叶。

该品种不需漂白,宜带壳销售,适宜华北、中南、西南年均温 10℃ 左右的气候区栽培,尤宜进行密植栽培。

31. 陕核 1 号 陕西省果树研究所从扶风隔年核桃的实生后代中选育而成,1989 年通过林业部(现国家林业局)鉴定。

树势较旺,树姿较开张,分枝力较强,中短果枝结果为主。坚果近卵圆形,果基、果顶均为圆形,单果重 11.7~12.6 克。壳面麻点稀而少,壳厚 1.0 毫米左右,核仁饱满,可取整仁或 1/2 仁,出仁率 61.84%。

在陕西省关中地区 4 月上旬发芽,4 月下旬雌花盛花期,5 月上旬雄花散粉,雌先型,9 月上旬坚果成熟,10 月中旬开始落叶。

该品种适应性较强,抗寒、抗旱、抗病力强,适宜土壤条件较好的丘陵、川塬地区栽培。

32. 西扶 1 号 原西北林学院(现西北农林科技大学)从扶风隔年核桃实生后代中选育而成,1989 年通过林业部(现国家林业局)鉴定。

树势旺盛,树姿半开张,树冠呈自然圆头形。无性系第二年开始结果。果实椭圆形,坚果平均单果重 10.3 克,壳面较光滑,缝合线微隆起,结合紧密,壳厚 1.1 毫米,可取整仁。出仁率 56.21%。

在陕西省关中地区 4 月上旬发芽,4 月下旬雄花盛花期,5 月初雌花盛花期,雄先型,9 月中旬坚果成熟。

该品种适应性较强,抗寒、抗旱、抗病力强。坐果率高,丰产性强,适于密植栽培,应注意疏果和加强肥水管理。

(二)晚实品种

1. 晋龙 1 号　山西省林业科学研究所从山西省汾阳晚实实生核桃群体中选出,1990 年通过山西省科技厅鉴定。

主干明显,分枝力中等,树冠自然圆头形。坐果率 65% 左右,多为双果。坚果近圆形,果基微凹,果顶平,单果重 13.0～16.35 克。壳面较光滑,有小麻点,缝合线较窄而平,结合紧密。壳厚 0.9～1.12 毫米,内褶壁退化,横膈膜膜质,核仁充实饱满,色浅,出仁率 60%～65%。

在晋中 4 月下旬萌发,5 月上旬盛花期,5 月中旬大量散粉,雄先型,9 月中旬坚果成熟,10 月下旬落叶。

该品种抗寒、抗旱、抗病力强,晋中以南海拔 1000 米以下不受霜冻危害,适宜华北、西北地区栽培种植。

2. 晋龙 2 号　山西省林业科学研究所从山西省汾阳晚实实生核桃群体中选出,1994 年通过山西省科技厅鉴定。

树势强,树姿开张,分枝力中等,树冠半圆形。坐果率 65% 左右。坚果圆形单果重 14.6～16.82 克。壳面光滑,缝合线较窄而平,结合紧密。壳厚 1.12～1.26 毫米,内褶壁退化,横膈膜膜质,核仁饱满,色浅,可取整仁,出仁率 54%～58%。

在晋中 4 月中旬萌发,5 月上中旬雄花盛花期,5 月中旬为授粉期,雄先型,9 月中旬坚果成熟,10 月下旬落叶。

该品种抗寒、抗旱、抗病力强,在晋中以南海拔 1 000 米以下也不受霜冻危害,适宜华北、西北丘陵山区栽培种植。

3. 晋薄 1 号　山西省林业科学研究所(现山西省林业科学研究院)选自山西省孝义县晚实实生核桃园,1991 年定为优系。

树冠高大,树势强,树姿开张,分枝力较强,树冠呈半圆形。每雌花序着生 2 朵雌花,双果较多。坚果长圆形,单果重 10～12 克。壳面光滑,色浅,缝合线窄而平,结合紧密,壳厚 0.7～0.9 毫米。内褶壁退化,横膈膜膜质,核仁饱满,可取整仁,出仁率62%～66%。

在晋中地区 4 月中旬萌芽,5 月上旬盛花期,9 月上旬坚果成熟,10 月下旬落叶。

该品种抗性强,较丰产,坚果品质优良,适应在华北、西北丘陵区发展。

4. 晋薄 4 号　山西省林业科学研究所(现山西省林业科学研究院)选自山西省孝义县晚实实生核桃园,1991 年定为优系。

树势强,树姿开张,分枝力较强,树冠较大,呈圆头形。坐果率较高,双果较多。坚果圆形,较小,单果重 9.0～10.5 克。壳面较光滑,缝合线结合较紧密,壳厚 0.76～0.95 毫米,核仁饱满,可取整仁,出仁率 64%～66%。

在晋中地区 4 月中旬萌芽,5 月上旬盛花期,9 月上旬坚果成熟,10 月下旬落叶。

该品种抗寒性、抗病性强,耐旱,丰产,坚果品质优良,适应在华北、西北丘陵区发展。

5. 西洛 1 号　原西北林学院(现西北农林科技大学)和洛南县核桃研究所协作,从陕西省商洛晚实核桃实生群体中选育而成,1997 年经省级鉴定,2000 年通过陕西省林木良种审定委员会审定。

树势中庸,树冠圆头形,主枝开张。侧芽结果率 12%,果枝率

35％,坐果率 60％。坚实椭圆形,果基圆形,果顶稍平,坚果平均单果重 13 克。壳面光滑,缝合线窄而平,结合紧密。壳厚 1.1 毫米,内褶壁不发达,横膈膜膜质,核仁充实饱满,易取整仁。出仁率 50.87％。

该品种适应性较强,抗旱、抗病虫、抗晚霜,丰产稳产,品质优良,适于华北、西北黄土丘陵及秦巴山区稀植栽培,也可以进行林粮间作栽培。

6. 西洛 2 号　原西北林学院(现西北农林科技大学)和陕西省洛南县核桃研究所协作,从陕西省商洛晚实核桃实生群体中选育而成,1997 年经省级鉴定,2000 年通过陕西省林木良种审定委员会审定。

树势中庸,树姿早期较直立,结果后多开张,树冠圆头形。坐果率 65％。坚实长圆形,果基圆形,果顶微尖,坚果平均单果重 13.1 克。壳面较光滑,有稀疏小麻点,缝合线低平,结合紧密。壳厚 1.3 毫米,内褶壁不发达,横膈膜膜质,核仁饱满,可取整仁或 1/2 仁。出仁率 54％。

在陕西省关中地区 4 月上旬发芽,4 月中旬雄花盛花期,4 月下旬雌花盛花期,雄先型,9 月上旬坚果成熟,11 月上旬落叶。

该品种适应性较强,抗旱、抗病、耐瘠薄土壤,丰产稳产,适于华北、西北黄土丘陵及秦巴山区稀植栽培。

7. 西洛 3 号　原西北林学院(现西北农林科技大学)和陕西省洛南县核桃研究所协作,从陕西省商洛晚实核桃实生群体中选育而成,1997 年经省级鉴定,2000 年通过陕西省林木良种审定委员会审定。

树势旺,树冠圆头形。坐果率 66％。坚实椭圆形,坚果平均单果重 14 克。壳面光滑,缝合线低平,结合紧密。壳厚 1.2 毫米,内褶壁不发达,横膈膜膜质,核仁充实饱满,易取整仁。出仁率 56.64％。

在陕西省洛南地区 4 月中旬发芽,4 月下旬雄花盛花期,5 月上旬雌花盛花期,雄先型,9 月上旬坚果成熟,10 月下旬落叶。

该品种适应性较强,抗旱、抗病虫、避晚霜,丰产稳产优质,适于华北、西北黄土丘陵及秦巴山区稀植栽培,也可进行"四旁"和林粮间作栽培。

8. 礼品 1 号 1989 年,辽宁省经济林研究所从新疆晚实核桃 A2 号实生后代中选育而成,1995 年通过省级鉴定。

树势中庸,树姿开张,分枝力中等,树冠半圆形,中长枝结果为主。坐果率 50%。坚果长圆形,果基圆,果顶圆并微尖,坚果重 9.7 克。果壳表面刻沟少而浅,光滑美观,缝合线窄而平,结合紧密。壳厚 0.6 毫米,指捏即开,内褶壁退化,极易取整仁,出仁率为 70% 左右。

在辽宁省大连地区 4 月中旬萌动,5 月上旬雄花散粉,5 月中旬雌花盛花期,雄先型,9 月中旬坚果成熟,11 月上旬落叶。

该品种适宜在我国北方核桃产区栽培。目前,北京市、河南省、山西省、陕西省、山东省、河北省、辽宁等地有较多栽培。

9. 礼品 2 号 1989 年,辽宁省经济林研究所从新疆晚实核桃 A2 号实生后代中选育而成,1995 年通过省级鉴定。

树势中庸,树姿开张,分枝力较强,长枝结果为主。坐果率 70%,多双果。坚果长圆形,果基圆,果顶圆微尖,坚果重 13.5 克。壳面光滑,缝合线窄而平,结合紧密。壳厚 0.7 毫米,内褶壁退化,易取整仁,出仁率为 67.4% 左右。

在辽宁省大连地区 4 月中旬萌动,5 月上旬雌花盛花期,5 月中旬雄花散粉,雌先型,9 月中旬坚果成熟,11 月上旬落叶。

该品种抗病、丰产,适宜在我国北方核桃产区栽培。目前,北京、河北省、山西省、河南省、辽宁等地有栽培。

10. 北京 746 北京市林果研究所从门头沟区沿河乡东岭村晚实核桃实生园中选育而成,1986 年定名。

树势较强,树姿较开张,分枝力中等。中短果枝结果为主,坐果率 60% 左右,多双果。坚果圆形,果基圆,果顶微尖。壳面较光滑,缝合线窄而平,结合紧密。壳厚 1.2 毫米,内褶壁退化,横膈膜膜质,出仁率为 54.7% 左右。

在北京地区 4 月上旬萌芽,4 月中旬为雄花期,4 月下旬至 5 月初为雌花期,雄先型,9 月上旬坚果成熟,11 月上旬落叶。

该品种适应性强,较耐瘠薄,抗病,丰产性强,适于北方核桃产区稀植大冠栽培。

11. 京香 2 号　北京市林果所从密云县实生核桃园中选出,1990 年定名,2009 年通过北京市林木良种审定委员会审定。

树势中庸,树姿较开张,分枝力中等。中短果枝结果为主,坐果率 65% 左右,多双果。坚果圆形,果基、果顶均圆。壳面较光滑,缝合线宽而低,结合紧密。壳厚 1.2 毫米,内褶壁退化,横膈膜膜质,核仁充实饱满,出仁率为 57% 左右。

在北京地区 4 月上旬萌芽,4 月中旬为雄花期,4 月下旬为雌花期,雄先型,9 月上旬坚果成熟,10 月底落叶。

该品种适应性强,较耐瘠薄,抗病,丰产性强,适于北方核桃产区栽培。

12. 京香 3 号　北京市林果所从房山区佛子庄乡中英水村实生核桃园中选出,1990 年定名,2009 年通过北京市林木良种审定委员会审定。

树势较强,树姿较开张,分枝力中等。中果枝结果为主,坐果率 60% 左右,多双果。坚果扁圆形,果基圆、果顶微尖。壳面较光滑,缝合线微隆起,结合紧密。壳厚 1.2 毫米,内褶壁退化,横膈膜膜质,核仁较充实饱满,出仁率为 61.5%。

在北京地区 4 月上旬萌芽,4 月中旬为雌花期,4 月下旬为雄花期,雌先型,9 月上旬坚果成熟,11 月上旬落叶。

该品种适应性强,较耐瘠薄,抗病,丰产性强,适于北方核桃产区稀植大冠栽培。

13. 清香　河北省农业大学 20 世纪 80 年代初从日本引进的核桃品种。2002 年通过专家鉴定,2003 年通过河北省林木良种审定委员会审定。

幼树时生长旺盛,结果后树势稳定,树姿半开张,分枝力较强,树冠圆头形。嫁接树后第四年开始见花结果,高接树第三年开始结果,连续结果能力强,坐果率 85% 以上,双果率 80% 以上。坚果近锥形,果基圆,果顶尖,单果重 16.9 克。壳面光滑淡褐色,缝合线结合紧密,外形美观。壳厚 1.2 毫米,内褶壁退化,核仁充实饱满,浅黄色,风味极佳,可取整仁,出仁率 52%~53%。

在河北省保定地区 4 月上旬萌发展叶,4 月中旬雄花盛开散粉,4 月中下旬为雌花盛花期,雄先型。9 月中旬坚果成熟,11 月初开始落叶。

该品种适应性强,对炭疽病、黑斑病及干旱、干热风的抵御能力强。

第二章 核桃苗木繁育

壮苗是核桃生产的基础,也是制约我国核桃发展的根本问题。目前,在我国核桃生产中,除新发展的部分核桃园为嫁接繁殖外,其他的均为实生核桃树。实生树长势参差不齐;结果期早晚差异大;产量相差几倍,甚至几十倍;坚果大小不一,品质优劣混杂,影响销售;因此,核桃生产栽培必须采用嫁接繁殖,才能维持核桃生产的可持续发展。

一、育苗地的选择

核桃的育苗地应该选择在背风向阳、地势平坦、土层深厚、土壤肥沃、pH 值为中性(7～7.5),以及交通方便,有利于生产资料和苗木运输,利于机械化作业的地块。应注意,育苗地不要重茬。重茬容易造成营养元素的缺乏和有害物质的积累,使苗木质量下降。育苗地忌选择土地盐碱和地下水位在地表 1 米以内的地方。

整地是苗木生产的一项重要措施。整地前,按 300～400 千克/667 米² 用量,施入有机肥做基肥,然后进行深翻,深度以 20～30 厘米为好。深翻后耙平,起垄做成畦,最后耙平畦面。

二、砧木的培育

核桃在我国分布广泛,各地使用的砧木也各不相同。可以根据本地的实际情况,选择适应性强,亲和力好,嫁接成活率高的核桃为砧木。

(一)砧木的选择

目前,我国核桃砧木主要有 7 种,即核桃、铁核桃、核桃楸、野核桃、麻核桃、吉宝核桃和心形核桃。常用的是前 4 种。

1. 核桃 其是目前河北省、河南省、山西省、山东省、北京市等地核桃嫁接的主要本砧。核桃做本砧嫁接亲和力强,接口愈合牢固,我国北方普遍使用。其成活率高,生长结果正常。但是,由于长期采用商品种子播种育苗,实生后代分离严重,类型复杂。在出苗期、生长势、抗性以及与接穗的亲和力等方面都有所差异。因此,培育出的嫁接苗也多不一致。

2. 铁核桃 铁核桃主要分布于我国西南各省,坚果壳厚而硬,果型较小,难取仁,出仁率低,壳面刻沟深而密,商品价值低,是泡核桃、娘青核桃、三台核桃、大白壳核桃、细香核桃等品种的良好砧木,其亲和力强,嫁接成活率高,愈合良好,无大、小脚现象。用铁核桃嫁接泡核桃的方法在我国云南省、贵州省等地已有 200 多年的历史。

3. 核桃楸 主要分布在我国东北和华北各省,垂直分布海拔 2 000 米以上。其根系发达,适应性强,十分耐寒,是核桃属中最耐寒的一个种,也十分耐干旱和瘠薄。果实壳厚而硬,难取仁,表面壳沟密而深,商品价值低。核桃楸野生于山林当中,种子来源广泛,育苗成本低,能增加品种树的抗性,扩大核桃的分布区域。但是,核桃楸嫁接品种,后期容易出现"小脚"现象,而且其嫁接成活率和成活后的保存率都不如核桃砧木。

4. 野核桃 野核桃主要分布于江苏、江西、浙江、湖北省、四川省、贵州省、云南省、甘肃省、陕西省等地,常见于湿润的杂林中,垂直分布海拔为 800~2000 米。果实个小,壳硬,出仁率低,多用做核桃砧木。但是,嫁接容易出现"小脚"现象,而且其嫁接成活率也不如核桃砧木。

(二)种子的采集与储存

种子质量直接关系到砧木苗的长势。应选择丰产、优质、抗逆性强、生长健壮、无严重病虫害、坚果种仁饱满的盛果期树作为采种母树。采种应在坚果充分成熟后进行。充分成熟核桃种子的外部形态特征是青皮由绿变黄并出现裂缝,青皮与坚果(种子)易分离。作为播种用的种子,可在全树核桃青皮开裂率达到 35% 以上时采收。或者随着坚果的自然落地,每隔 2~3 天捡拾 1 次。

作为播种用的核桃种子,不宜漂白处理,否则影响出苗率。用作秋播的种子不必长时间贮藏,晾晒也不必干透,一般采后 1 个多月即可播种。春播用的核桃种子,应在充分干燥(含水量低于4%~8%)后,进行干燥贮藏或湿沙层积贮藏。隔年或多年的核桃种子,因丧失生命力而不能作为种用。

核桃种子一般用干燥贮藏。将干燥的种子装入麻袋中,堆放于通风、阴凉、干燥、光线不能直接射入的房内。贮藏期间应经常检查,避免鼠害和霉烂、发热等现象发生。种子数量不多时,可装入布袋内,挂在通风凉爽的室内或棚下贮藏。种子如需过夏,则须密封干藏,即将种子放入双层塑料袋内,并放入干燥剂密封,然后放入温度在 ±5℃ 之间,空气相对湿度在 60% 以下的种子库或贮藏室内。

(三)种子的处理

核桃种子的播种分为秋播和春播。播种季节不同,种子处理也各异。秋播种子不须任何处理,可直接播种,春季播种干种时,播种前都应进行浸种处理,待种子充分吸水后再播种。为了确保发芽,一般主要采用以下方法处理:

1. 层积沙藏法 核桃楸和野核桃种子的休眠期很长,采集后应进行层积沙藏。沙藏的具体方法是:选择排水良好、背风遮阴、没有鼠害的地点,挖贮藏沟。一般坑深 0.7~1.0 米、宽 1.0~1.5 米,长度由贮藏量决定。坑底先铺 1 层湿沙,厚约 10 厘米,上铺 1 层核桃,再铺 1 层厚约 10 厘米湿沙,如此一层一层往上埋,至坑口 10~20 厘米时,再盖湿沙与地面平,沙上培土成屋脊形。湿沙埋藏的种子,可以带青皮,也可用干种。但干种沙藏时,应先用冷水浸种 2~3 天后埋藏,刚脱去青皮的种子埋藏时可不浸种。湿沙贮藏的种子,出苗整齐,苗势健壮,但湿度掌握不好时种子易霉烂,应注意勤检查。

2. 冷水浸种法 将种子放在缸(或桶)等容器中,倒入冷水,水量以埋住或超过种子为宜,为防止种子上漂,上边可加一木板再压上石头。浸泡 7~10 天,每天换 1 次水,或将核桃种子装入麻袋放在流水中,待吸水膨胀裂口时,即可播种。

3. 冷浸日晒法 此法是将冷水浸种法与日晒处理结合。将冷水浸泡过的种子置于强烈的阳光下暴晒几小时,待 90% 以上的种子裂口时,即可播种。如有不裂口的种子占 20% 以上时,应把这部分种子拣出再浸泡几天,然后日晒促裂,剩少数不裂口的可人工轻砸种子尖部,然后再播种。

4. 温水浸种法 将种子放在 80℃ 温水缸中,用木棍搅拌,使温度自然降至常温后再浸泡 8~10 天,每天换 1 次冷水,待种子有部分膨胀裂口后,捞出播种。

5. 沸水浸种法 当种子未经沙藏急需播种时,可将干核桃种子放入缸内,然后倒入 1.5~2 倍于种子量的沸水,随倒随搅拌,使水面浸没种子,2~3 分钟后当水温不烫手时即加入凉水,浸泡数小时后捞出播种。此法还可同时杀死种子表面的病原菌。多用于中、厚壳核桃种子,薄壳核桃不能用沸水浸种。

(四)播 种

1. 播种时期 核桃播种可分为秋播和春播。播种期的选择主要根据当地的气候条件。如当地春季风沙大、而秋季墒情又好,则以秋播为好。而且,秋播的种子可不必处理。所以,北方地区应以秋播为主。秋播可延长到浇封冻水之前进行。但缺点是:秋播过早,气温较高,种子容易霉烂;秋播过晚,土壤已冻结。由于有些地方秋播种子易遭受鼠害、兔害,所以常在春季,土壤解冻之后 3月下旬或 4 月初进行播种育苗。

2. 播种方法与播种量　播种方法分为畦播和垄作。畦床播种时,株行距为 15～25 厘米×40～60 厘米。垄作应先整地做垄,垄宽 50 厘米、高 20 厘米,垄距 50 厘米,株距 20 厘米左右。播种采用点播法。点播时,要注意让种子的合缝线与播种沟平行,露白的一端是将来小苗的根部,播种时此端要向下。播后覆土5～10 厘米厚。畦播可浅些,垄作要深些;春播可浅些;秋播宜深些。为保证出苗,播种后要浇 1 遍水。

播种量一般按育苗株行距、种粒大小以及种子利用率来计算。以株行距 15 厘米×50 厘米计算,每 667 米^2 应有 8 900 个播穴。大粒种子每千克至少有 60 粒,种子利用率按 90% 计算;这样,每667 米^2 用大粒种子最多 165 千克即可。

(五)苗期管理

播种后 15～20 天开始发芽出土,40 天左右苗木出齐。为了促进苗木生长,要加强水肥管理。5～6 月份是苗木生长的关键时期,追肥以氮肥为主,例如尿素,每 667 米^2 沟施 10～15 千克。追肥后灌水。灌水量以浇透为标准。要及时清除杂草,防止杂草与小苗争夺营养。同时疏松土壤,这样更利于小苗生长。

7～8 月份,是苗木生长的旺盛期,此时雨量较多,灌水应根据情况灵活掌握。在雨水多的地区或季节应注意排水,防止苗木受涝害。施肥应以磷、钾肥为主。砧木长到 30 厘米高时可通过摘心促进基部增粗。

9～11 月份一般灌水 2～3 次,特别是最后一次封冻水,应保证浇透。苗期应注意防治细菌性黑斑病、象鼻虫、金龟子、浮尘子等病虫害。

第二年春季,3 月中下旬,在砧木苗萌芽之前,将距离地面约 2 厘米以上的部分剪掉,进行平茬工作。平茬前应先浇水,平茬可以使再抽生出的新枝健壮整齐,更利于之后的接嫁,也能在很大程度上提高嫁接的成活率。平茬后的砧木苗很快抽生萌蘖,只选留 1 个生长健壮的萌蘖留下,其他全部去掉,外界平均气温达到 25℃ 左右时,非常利于核桃愈伤组织形成,这时,也就到了嫁接的最佳时期。

三、嫁 接

我国是核桃资源大国,优良品种很多,如'薄壳香''香玲'等,但由于嫁接技术不过关,成活率低,限制了良种核桃在生产中的推广应用,核桃良种的生产潜能没有充分发挥。近几年,由于嫁接技术的不断突破,使优良核桃品种能在生产中大面积推广,从而加速了我国核桃的良种化进程。

(一)接穗采集

大量嫁接育苗时,要备有专供用的核桃采穗圃。采穗时,要在长势良好、无病虫害的清香核桃母树上采穗。

采穗最好选在无风的阴天或者晴天的傍晚进行。选择当年生的优质春梢,剪下,将叶片去掉,只保留叶柄 1.5～2.0 厘米,放在事先准备好的湿布、湿麻袋或湿报纸上,小心包好,防止接穗失水。接穗最好是随采随用。不能及时嫁接的接穗,可以放到潮湿的地窖或冰箱内。温度应保持在 14℃ 左右,空气相对湿度 80% 左右。在这样的环境下,接穗可以存放 3 天左右。

(二)嫁接方法

1. 芽接　核桃树砧木嫁接时,一般采用方块芽嫁接法(图 2-1)。嫁接之前,选择砧木苗高 30 厘米以上,苗茎平直光滑,无病虫害,长势良好,距地面 10～15 厘米处直径为 0.8～2.0 厘米的砧木进行嫁接。把接近地面的几片叶子去除,以保证嫁接部位有良好的通风。砧木距离地面 15～20 厘米处为嫁接部位,上下、左右各切 1 刀,宽度为 0.6～1.0 厘米;长度为 1.5～2 厘米,刀口深度要割断韧皮部,但不能伤及木质部分。用小刀从开口处将砧木的皮挑开,撕去。在砧木开口的左下方留 1 条宽 2 毫米左右,长 3厘米左右的放水口。

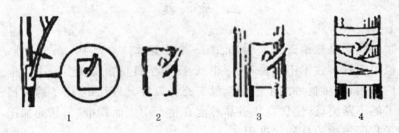

图 2-1　核桃方块芽接示意图
1. 削接芽　2. 接芽　3. 切接口并将接芽放置于接口　4. 绑缚

割取芽片时,在接穗上节与砧木上开口大小一致的芽片,在接穗接芽的上部 0.5 厘米和叶柄下部 1.0 厘米处各横切 1 刀,要求割断韧皮部,注意在叶柄不要让取下的芽片断面碰其他物体。然后将芽片与砧木开口对接。注意不能使芽片在砧木上来回摩擦,避免损伤形成层,要一次放准,压紧。然后用塑料薄膜缠绕包好。注意放水口不要全部被包住,便于伤流流出。

注意,要把接芽的上下切口完全包好。先从下端往上缠好 1层,再从上往下包 1 层。把整个接芽包严扎紧。后填的绑缚捆扎时,用力要适中。绑扎过紧,可能压坏接穗和砧木的大量薄壁细胞,从而降低成活率。绑扎太松,接穗与砧木的空间大,延长了愈伤组织的接合时间,也降低了接芽的成活率。

2. 舌接　选用 1～2 年生、基部粗度 1～2 厘米实生苗作为砧木,起苗后运到室内嫁接,在根颈以上 10～12 厘米平滑顺直处剪断,对起苗损伤的根系稍加修剪,要求当天砧木当日必须接完,做到有苗而不积压。然后选用与砧木粗细相当的接穗,并剪成长12～15 厘米的小段,上端保留 2 个饱满芽,把砧木和接穗各削成5～8 厘米长的大斜面,斜面必须光滑,并在斜面上部 1/3 处用嫁接刀削 1 条接口,深 2～3 厘米,接口要适当薄些,否则,接合面不平。砧木和接穗削好后立即插合,必须齐合严密,砧穗粗度不一致时,要求对齐一边,用厚塑料条捆紧绑牢(图 2-2),紧接着在 90℃的蜡液中速蘸嫁接口以上部分以防失水(蜡液比例为:蜂蜡∶凡士林∶猪油＝6∶1∶1,为了控制蜡温,要在蜡桶底部放 5 厘米深的水)。坚持随嫁接随定植的原则,采用双行三角形方法定植在塑

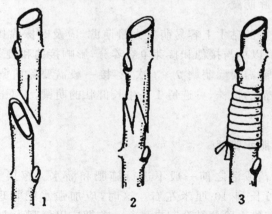

图 2-2　核桃舌接示意图

1. 削接穗和砧木　2. 接合　3. 绑缚

料大棚内已开好沟、施足肥的定植沟内,株距 15～20 厘米,行 30～35 厘米,覆土后 要浇透水,水渗后用细土盖填裂缝。

四、嫁接苗管理

(一)剪 砧

嫁接完成之后,在接芽上方保留 1～2 片复叶,以上的部分剪掉,这称为一次剪砧。剪砧可以减少上面枝叶与接芽争夺营养,留下的几片叶,用来为接芽遮光并进行光合作用提供营养。

嫁接 15～20 天后,嫁接芽成活萌动。这时应及时剪除嫁接芽上方 2～3 厘米处以上的所有枝叶,这就是二次剪砧。二次剪砧之后,用小刀在接芽背面将薄膜轻轻划开,去除绑缚接芽的塑料薄膜,以免影响新梢生长。

(二)除萌蘖

嫁接后的砧木上容易萌发大量萌蘖,应及时抹除接芽之外的其他萌芽,以免与接穗和接芽争夺养分,影响接穗和接芽生长。核桃枝接一般需要除萌蘖 2～3 次,芽接一般需要除萌蘖 1～2 次。嫁接未成活的植株,可选留 1 条生长健壮的萌蘖,为下次嫁接做准备。

(三)肥水管理

嫁接苗成活之前一般不进行施肥和灌水。嫁接大约 30 天后,新梢可长到 10 厘米左右。这时,应加强水肥管理。可将追肥、灌水与松土除草结合起来进行。前期应以氮肥为主,后期增施磷、钾肥,以免造成后期旺长。也可在 8 月下旬至 9 月上旬对苗木进行摘心,促进枝条充实,防止冬季抽条。

(四)病虫害防治

核桃嫁接期间的虫害主要有黄刺蛾和棉铃虫,以高效氯氰菊酯等杀虫剂防治为主。后期容易感染细菌性黑斑病,要在 7 月下旬每隔 15 天喷 1 次农用链霉素或其他细菌性病害杀菌剂,共喷 3～4 次。9 月下旬至 10 月上旬,要及时防治浮尘子在枝条上产卵。

五、苗木出圃

(一)起　苗

1. 起苗前准备　起苗前,必须对所培育的嫁接苗的数量和质量进行抽样调查。根据调查结果制定起苗计划。核桃是深根性树种,主根发达,起苗时根系容易受损,且受伤后愈合能力差,因此保护好核桃苗根系对移栽成活率影响很大。为减轻根系损伤并使起苗容易,应在起苗前一周灌 1 次透水,使苗木吸足水分。

2. 起苗方法　由于我国北方核桃幼苗在圃内具有严重的越冬抽条现象,所以起苗时间多在秋季落叶后到土壤封冻前进行。对于较大的苗木或抽条较轻的地区,也可在春季土壤解冻后至萌芽前进行。核桃起苗方法有人工和机械起苗两种。机械起苗用拖拉机牵引起苗犁进行。人工起苗要从苗旁开沟、深挖,防止断根较多。挖出的苗木不能及时运走或栽植时必须临时假植。对少量的苗木也可带土起苗,并包扎好。要避免在大风或下雨天起苗。

(二)苗木分级与假植

1. 苗木分级　苗木分级是保证出圃苗木的质量,提高建园栽植成活率和整齐度的重要工作。核桃苗木分级应根据类型而定。

对于嫁接苗,要求品种纯正,砧木正确;地上部枝条健壮、充实,具有一定的高度和粗度,芽体饱满,根系发达,须根多,断根少;无检疫对象、无严重病虫害和机械损伤;嫁接部位愈合良好。在此基础上,根据嫁接口以上的高度和接口以上 5 厘米处的直径将核桃嫁接苗分为六级(表 2-1)。

表 2-1　核桃嫁接苗分级标准

苗木等级	苗高(米)	直径(厘米)
特级苗	>1.2	≥1.2
一级苗	0.81～1.2	≥1.0
二级苗	0.61～0.80	≥1.0
三级苗	0.41～0.60	≥0.8
四级苗	0.21～0.40	≥0.8
五级苗	<0.21	≥0.7
等外苗	其他为等外苗	

2. 苗木假植　起苗后不能及时外运或栽植的苗木必须进行假植。假植分为短期假植和长期假植(越冬假植)。假植地点应选择地势较高、排水好、较干燥的沙性壤土地块。短期假植一般不超过 10 天,可开浅沟,用湿土将根系埋严即可,干燥时及时洒水。长期假植时,应选择地势平坦、避风、排水良好、交通方便的地块挖假植沟。沟深 1 米、宽 2 米,长度依苗木数量而定。沟的方向应与主风向垂直,沟底要铲平。在沟的一端堆起 30°左右的土坡,在坡底挖出宽 20～30 厘米、深 15 厘米的凹沟。将树苗的根部放在凹沟内,平放 1 层,互不叠压,在根部均匀撒土盖严,埋根露梢。再向后退 50 厘米挖同样的凹沟,同样放好树苗,依次类推,排放后埋土。最后给整个假植沟盖土,土层厚 20 厘米左右。为了预防

苗木受冻,冬季寒冷时,可以将土层加厚。这样,苗木就可以安全过冬了。

(三)苗木检疫

为确保核桃苗木质量,保证核桃生产可持续发展,核桃苗木检疫工作是一项重点工作。根据中华人民共和国农业部 2006 年 3 月公布的《全国农业植物检疫性有害性生物名单》,其中与果树有关的昆虫 10 种,线虫 1 种,真菌 2 种,细菌 2 种,病毒 1 种。目前因直接危害核桃而被专门列为检疫对象的病虫害还没有。

(四)苗木包装与运输

核桃苗木要分品种和等级进行包装。包装前应将过长的根系和枝条进行适当修剪。一般 20～50 株捆成 1 捆,挂好标签,将根系蘸泥浆保湿。然后,用塑料薄膜等包好,将吸饱水分的卫生纸团、锯末等塞于苗木根部缝隙间,排出空气、扎塑料袋口及编织袋口,包装外再贴标签,标明品种、等级、苗龄、数量和起苗日期等。

苗木外运最好在晚秋或早春气温较低时进行。长途运输要加盖苫布,并及时喷水,防止苗木干燥、发热和发霉,冬季运输应注意防冻,到达目的地后立即进行假植。

第三章　合理规划　精心建园

一、园地的选择标准

核桃园建设是核桃生产中的一项基础工作,因此必须全面规划、合理安排。虽然核桃属植物对自然条件的适应能力很强,但是也要做到适地适树、科学栽培,才能使核桃树生长健壮、丰产稳产、坚果品质好。

核桃树具有生长周期长,喜光、喜温等特性。建园时,应以适地适树和品种区域化为原则,从园址的选择、规划设计、品种选择到苗木定植,都要严格谨慎。建园前应对当地气候、土壤、降雨量、自然灾害和附近核桃树的生长发育状况及以往出现过的问题等进行全面的调查研究。在确定建园地点上,应重点考虑以下几个方面:

(一)核桃适宜生长结果的温度

核桃属于喜温树种。通常核桃苗木或大树适宜生长在年均温8℃~15℃,极端最低温度不低于 -30℃,极端最高温度 38℃ 以下,无霜期 150 天以上的地区。幼龄树在 -20℃ 条件下出现冻害;成年树虽能耐 -30℃ 的低温,但在低于 -26℃ 的地区,枝条、雄花芽及叶芽易受冻害。

核桃和铁核桃树最忌讳晚霜危害,从展叶到开花期间的温度低于 -2℃ ,持续时间在 12 小时以上,会造成当年坚果绝收;核桃展叶后,如遇 -2℃~4℃ 低温,新梢会受到冻害;花期和幼果期气温降到 -1℃~2℃ 时则受冻减产。但生长温度超过 38℃

时,果实易被烧伤,核仁发育不良,形成空苞。

(二)核桃适宜的光照

核桃是喜光树种,适于山地的阳坡或平地栽培,进入结果期后更需要充足的光照。光照对核桃生长发育、花芽分化及开花结果均具有重要的影响。全年日照量最好大于 2 000 小时,如少于1 000 小时,则结果不良,影响核壳、核仁发育,坚果品质降低。特别在雌花开花期,如遇阴雨低温天气,极易造成大量落花落果。果园郁闭会造成坚果产量下降。

(三)核桃适宜的水分

我国年降水 600～800 毫米且分布均匀的地区基本能满足核桃生长发育的需求。对于降水量较低的地区,如果适时适量灌溉,也能保证核桃树正常生长和产量。而原产新疆地区的早实核桃,引种到湿润地区和半湿润地区,则易感病害。铁核桃适宜在年降水量 800～1 200 毫米的地区生长。

核桃能耐较干燥的空气,而对土壤水分状况却较敏感,土壤过干或过湿都不利于核桃生长发育。一般土壤含水量为田间最大持水量的 60%～80% 时比较适合核桃的生长发育。长期晴朗而干燥的气候,充足的日照和较大的昼夜温差,有利于促进开花结果。新疆早实核桃的一些优良性状,正是在这样的条件下历经长期系统发育而形成的。土壤太过干旱有碍根系吸收和地上部枝叶的水分蒸腾作用,影响生理代谢过程,甚至提早落叶。当土壤含水量低于绝对含水量的 8%～12%(田间最大持水量的 60%)时核桃生长发育会受到影响,造成落花落果,叶片枯萎。幼壮树遇前期干旱和后期多雨的气候时易引起后期徒长,导致越冬后抽条干梢。土壤水分过多,通气不良,会使根系生理机能减弱而生长不良,核桃园的地下水位应在地表 2 米以下。在坡地上栽植核桃必须修筑梯田撩壕等,搞好水土保持工程,在易积水的地方需解决排水问题。

(四)核桃对地形及土壤的要求

海拔高度对核桃的生长和产量也有一定影响。在北方地区核桃多分布在海拔 1 000 米以下。秦岭以南多生长在海拔 500～2 500 米,分布最高的地区是西藏拉孜县徒庆林寺,其海拔为 4 200 米。云贵高原多生长在海拔 1 500～2 500 米,其中云南省漾濞地区海拔 1 800～2 000 米,为铁核桃分布区,在该地区海拔低于 1 400 米则生长不正常,病虫害严重。辽宁省西南部适宜生长在海拔 500 米以下,高于 500 米气候寒冷,生长期短,核桃树不能正常生长结果。

核桃适宜于坡度平缓、背风向阳、土层深厚、水分状况良好的地块。有试验表明,同龄植株立地条件一致而栽植坡向不同,核桃树的生长状况有明显差异,种植在阴坡,尤其坡度过大和迎风坡上,往往生长不良,产量很低,甚至成为"小老树",坡位以中下部为宜。

核桃为深根性树种,对土壤的适应性较强,无论在丘陵、山地还是平原都能生长。土层厚度在 1 米以上时生长良好,土层过薄影响树体发育,容易"焦梢",且不能正常结果。核桃在含钙的微碱性土壤上生长良好,土壤 pH 值适应范围为 6.2～8.2,最适宜范围为 6.5～7.5。土壤含盐量宜在 0.25% 以下,超过 0.25% 即影响生长和产量,含盐量过高会导致植株死亡,氯酸盐比硫酸盐危害更大。

(五)风力对核桃生长结果的影响

核桃系风媒花。花粉传播的距离与风速、地势有关。据统计,最佳授粉距离在 100 米以内,超过 300 米,几乎不能授粉,需要进行人工授粉。在一定范围内,花粉的散布量随风速增加而加大,但随距离的增加而减少。但是,在核桃授粉期间经常有大风的地区应该进行人工授粉或选择单性结实率高的品种。在冬季、春季多风地区,迎风的核桃树易抽条、干梢等,影响发育和开花结实。

二、核桃园的规划

(一)规划设计的原则和步骤

我国的核桃多在山坡地栽植,山地具有空气流通、日照充足、排水良好等特点,但是山地地形多变、土壤贫瘠、交通和灌溉不方便。以前,核桃都是零星栽植,近年来随着机械化程度的提高,成片栽培逐渐增加,园地的选择和规划成为一项十分重要的工作。因此,在建园时应该提前进行规划。

1. 规划设计的原则

(1)因地制宜,统一规划 核桃园的规划设计应根据建园方针、经营方向和要求,充分考虑当地自然条件、物质条件、技术条件等因素,进行整体规划。要因地制宜选择良种,依品种特性确定品种配置及栽植方式。优良品种应具有丰产、优质和抗性强的特点。

(2)有利于机械化的管理和操作 核桃园中有关交通运输、排灌、栽植、施肥等,必须有利于实行机械化管理。平原地可以采取宽行密植的栽培方式,这样有利于机械化操作。

(3)合理布局,便于管理 规划设计中应把小区、路、林、排、灌等协调起来,节约用地,使核桃树的占地面积不少于85%。为便于管理,平原果园应将原地划分为若干个生产小区,山地果园则以自然沟、渠或道路划分。为了获得较好的光照和小区最好南北走向。果园道路系统的配置,应以便于机械化和田间管理为原则。全园各个小区都要用道路相互连接。道路宽度以能通过汽车或小型拖拉机为准。主防护林要与有害风向垂直,栽 3～7 行乔木。林带距核桃树要有间隔,一般不少于 15 米。

(4)设计好排灌系统,达到旱能灌、涝能排　在山坡、丘陵地建园,要多利用水库、池塘、水窖和水坝来拦截地面径流储蓄水源,还可以利用地下水或河流的水进行灌溉。为节约水资源,生产上应大力推广滴管、喷灌等节水设施,这样还可以节约劳动力。核桃树不耐涝,在平原建园时,要建好排水系统。

2. 规划设计的步骤

(1)深入调查研究　为了解建园地的概况,规划前必须对建园地点的基本情况进行详细调查,为园地的规划设计提供依据,以防止因规划设计不合理给生产造成损失。参加调查的人员应有从事果树栽培、植物保护、气象、土壤、水利、测绘等方面的技术人员,以及农业经济管理人员。调查内容包括以下几个方面:

①社会情况　包括建园地区的人口、土地资源、经济状况、劳力情况、技术力量、机械化程度、交通能源、管理体制、市场销售、干鲜果比价、农业区划情况,以及有无污染源等。

②果树生产情况　当地果树及核桃的栽培历史,主要树种、品种,果园总面积、总产量,历史上果树的兴衰及原因,各种果树和核桃的单位面积产量,经营管理水平及存在的主要病虫害等。

③气候条件　包括年平均温度、极端最高和最低温度、生长期积温、无霜期、年降水量等,常年气候的变化情况。此外,应特别注意对核桃危害较严重的灾害性天气,如冻害、晚霜、雹灾、涝害等。

④土壤调查　应包括土层厚度,土壤质地,酸碱度,有机质含量,氮、磷、钾及微量元素的含量等,以及园地的前茬树种或作物。

⑤水利条件　包括水源情况、水利设施等。

(2)现场测量制图　建园面积较大或山地园,需进行面积、地形、水土保持工程的测量工作。平地测量较简单,常用罗盘仪、小平板仪或经纬仪,以导线法或放射线法将平面图绘出,标明突出的地形变化和地物。山地建园需要进行等高测量,以便修筑梯田、撩壕、鱼鳞坑等水土保持工程。

规划设计和园地测绘完以后,按核桃园规划的要求,根据园地的实际情况,对作业区、防护林、道路、排灌系统、建筑用地、品种的选择和配置等进行规划,并按比例绘制核桃园平面规划设计图。

(二)不同栽培方式建园的设计

传统核桃树主要有三种栽培方式。第一种是集约化园片式栽培,无论幼树期是否间作,到成龄树时均成为纯核桃园。第二种是间作式栽培,即核桃与农作物或其他果树、药用植物等长期间作,此种栽培方式能充分利用空间和光能,且有利于提高核桃的生长和结果,经济效益快而高。第三种栽培方式是利用沟边、路旁或庭院等闲散土地的零星栽植。这也是我国发展核桃生产不可忽视的重要方面。

零星栽培只要园地符合要求,并进行适当的品种配置即可。而其他两种栽培方式,在定植前,均要根据具体情况进行详细的调查和规划设计。主要内容包括:作业区划分及道路系统规划,核桃品种及品种的配置,防护林、水利设施及水土保持工程的规划设计等。

1. 小区的划分 小区是核桃园的基本生产单位。形状、大小、方向都应与当地的地形、土壤条件及气候特点相适应,要与园内道路系统、排灌系统及水土保持工程的规划设计相互配合协调。为保证小区内技术的一致性,小区内的土壤及气候条件应基本一致。地形变化不大,耕作比较方便的地方,小区面积可定为$30\,000\sim70\,000$ 米^2。地形复杂的山地核桃园,为防止水土流失,依自然地形划定小区,小区的形状多设计为长方形,方向最好为南北向。平地建核桃园,作业区的长边应与当地风害的方向垂直,以减少风害。山地建园,作业区可采用带状长方形,同时,要保持作业区内的土壤、光照、气候条件的相对一致,这样更有利于水土保持工程的施工及排灌系统的规划。

2. 防护林的设置　防护林主要作用是降低风速,提高局部空气温度,增加湿度等。防护林树种选择,应尽量就地取材,选用风土适应性强、生长速度快、寿命长、与核桃无共同病虫害,并有一定经济价值的树种。核桃园常选用树冠上下均匀透风的疏透林带或上部不透风、下部透风的透风林带。为加强对主要有害风的防护,通常采用较宽的主林带,一般宽约 20 米。另外设 10 米宽的副林带,以防护其他方向的有害风。

防护林常以乔木、小乔木和灌木组成。行距 2～2.5 米,株距 1～1.5 米。为防止林带遮阴和树根伸入核桃园影响核桃树生长,一般要求南面林带距核桃树 20～30 米,北面林带距核桃树 10～15 米。

3. 道路系统的规划　为使核桃园生产管理高效方便,应根据需要设置宽度不同的道路。一般中大型核桃园由主路(或干路)、支路和作业道三级道路组成:主路贯穿全园,需要能通过汽车、大型拖拉机等,便于运输农资、果品等,宽度要求 6～8 米;支路是连接干路通向作业区的道路,需要能通过小型拖拉机便于机械化作业,宽度要求达到 4～6 米;小路是作业区内从事生产活动的要道,宽度要求达到 2～3 米。小型核桃园可不设主路和小路,只设支路。山地核桃园的道路应根据地形修建,避免道路过多占用土地。

4. 排灌系统的设置　排灌系统是核桃园科学、高效、安全生产的重要组成部分。核桃多为山地、丘陵栽培,这些地区一般灌溉比较困难。因此,山地、丘陵和干旱地区建核桃园时,可结合水土保持修水库、开塘堰、挖涝池,尽量保蓄雨水,以满足核桃树生长发育的需求。平地核桃园,除了打井修渠满足灌溉以外,对于易涝的低洼地带,要设置排水系统,起垄栽培也可以在一定程度上缓解涝害。

输水和配水系统,包括干渠、支渠和园内灌水沟:干渠将水引至园中,纵贯全园;支渠将水从干渠引至作业区;灌水沟将支渠的水引至行间,直接灌溉树盘。干渠位置要高些,以利扩大灌溉面积,山地核桃园应设在分水岭上或坡面上方,平地核桃园可设在主路一侧。干渠和支渠可采用地下管网。山地核桃园的灌水渠道应与等高线走向一致,配合水土保持工程,按一定的比降修成,可以排灌兼用。

核桃属深根树种,忌水位过高,如地下水位距地表小于 2 米,核桃的生长发育即受抑制。因此,排水问题不可忽视,特别是起伏较大的山地核桃园和地下水位较高的低湿地,都应重视排水系统的设计。山地核桃园主要排除地表径流,多采用明沟法排水,排水系统由梯田内的等高集水沟和总排水沟组成。集水沟可修在梯田内沿,而总排水沟应设在集水线上。平地核桃园的排水系统是由小区以内的集水沟和小区边沿的支沟与干沟三部分组成,干沟的末端为出水口。集水沟的间距要根据平时地面积水情况而定,一般间隔 2~4 行挖 1 条。支沟和干沟通常都是按排灌兼用的要求设计,如果地下水位过高,需要结合降低水位的要求加大深度。

5. 辅助设施 辅助设施主要包括管理用房、农用机械等仓库、配药池、有机肥堆放场等。管理用房、农用机械等仓库要靠近主路,交通方便。配药池、有机肥堆放场最好位于核桃园中心,便于运输。

三、栽植技术

(一)园地平整改良挖穴

核桃树属于深根性植物,因此要求土层深厚,较肥沃的土壤。

不论山地还是平地栽植,均应提前进行土壤熟化和增加肥力的土壤准备工作。土壤准备主要包括平整土地、修筑梯田及水土保持工程的建设等。在此基础上还要进行深翻熟化、改良土壤、定点挖穴、增加有机质等各项工作。

1. 土壤深翻熟化和土壤改良　通过深翻可以使土壤熟化,同时改善表土层以下淋溶层、淀积层的土壤结构。核桃多栽培在山地、丘陵区,少部分栽培在平原地上。对于活土层浅、理化性质差的土壤,深翻显得更为重要。深耕的深度为 80～100 厘米。深翻的同时可以进行土壤改良,包括增施有机肥、绿肥,使用土壤改良剂等。沙地栽植,应混合适量黏土或腐熟秸秆以改良土壤结构;在黏重土壤或下层为砾石的土壤上栽植,应扩大定植穴,并采用添加客土、掺沙、增施有机肥、填充草皮土或表面土的方法来改良土壤。

2. 定点挖穴　在完成以上工程的基础上,按预定的栽植设计,测量出核桃的栽植点,并按点挖栽植穴。栽植穴或栽植沟,应于栽植前一年的秋季挖好,使心土有熟化的一定时间。栽植穴的深度和直径为 1 米以上。密植园可挖栽植沟,沟深与沟宽为 1 米。无论穴植还是沟植,都应将表土与心土分开堆放。定植穴挖好后,将表土、有机肥和化肥混合后进行回填,每定植穴施优质农家肥 30～50 千克、磷肥 3～5 千克,然后浇水压实。地下水位高或低湿地果园,应先降低水位,改善全园排水状况,再挖定植沟或定植穴。

3. 肥料贮备　肥料是核桃生长发育良好的物质基础,特别是有机肥所含的营养比较全面,不仅含核桃生长所需的营养元素,而且含有激素、维生素、氨基酸、葡萄糖、DNA、RNA、酶等多种活性物质,可提高土壤腐殖质,增加土壤孔隙度,改善土壤结构,提高土壤的保水和保肥能力。在核桃栽植时,施入适量有机基肥,能有效促进核桃的生长发育,提高树体的抗逆性和适应性。如果同时加入适量的磷肥和氮肥作基肥,效果更显著。为此,在苗木定植前,应做好肥料的准备工作,可按每株 20～30 千克准备有机肥,按每株 1～2 千克准备磷肥。如果以秸秆为基肥,应施入适量的氮肥。

(二)栽植苗木

1. 苗木准备　苗木质量直接关系到建园的成败。苗木要求品种准确,主根及侧根完整,无病虫害。国家 1988 年发布实施的苗木规格见表 3-1。苗木长途运输时应注意保湿,避免风吹、日晒、冻害及霉烂。

表 3-1　嫁接苗的质量等级

项　目	一　级	二　级
苗高(厘米)	大于 60	30～60
基径(厘米)	大于 1.2	1.0～1.2
主根长度(厘米)	大于 20	15～20
侧根数(条)	多于 15	多于 15

栽植时间:核桃的栽植时间分为春季和秋季两种。北方核桃以春季栽植为宜,特别是芽接苗,一定要在春天定植,时间在土壤解冻至发芽前。北方春季干旱,应注意灌水和栽后管理。冬季寒冷多风,秋季栽植幼树容易受冻害或抽条,因此秋季栽植时应注意幼树防寒。冬季较温暖、秋季栽植不易发生抽条的地区,落叶后秋季栽植或萌芽前春季栽植均可。

2. 授粉树配置　选择栽植的授粉树品种,应具有良好的商品性状和较强的适应能力。核桃具有雌雄异熟、风媒传粉、传粉距离短及坐果率差异较大等特性,为了提供良好的授粉条件,最好选用 2～3 个主栽品种,而且能互相授粉。专门配置授粉树时,可按每 4～5 行主栽品种,配置 1 行授粉品种。山地梯田栽植时,可以根据梯田面的宽度,配置一定比例的授粉树,原则上主栽品种与授粉比例以不低于 8∶1 为宜。授粉品种也应具有较高的商品价值(表 3-2)。

表 3-2 核桃授粉品种配置参考表

品种类群	雌雄异熟性	品 种
早实核桃	雌先型	鲁丰、中林 5 号、鲁果 3 号、鲁果 6 号、绿波、辽宁 5 号、辽宁 10 号、中林 1 号、中林 3 号、中林 5 号、陕核 1 号
	雄先型	香玲、岱丰、岱辉、岱香、鲁光、鲁果 1 号、鲁果 2 号、鲁果 4 号、鲁果 5 号、鲁果 7 号、鲁果 8 号、鲁核 1 号、薄丰、辽宁 1 号、辽宁 3 号、辽宁 7 号、寒丰、西扶 1 号
晚实核桃	雌先型	礼品 2 号、京香 3 号
	雄先型	晋龙 1 号、晋龙 2 号、礼品 1 号、西洛 2 号、西洛 3 号、北京 746、京香 2 号

3. 栽植密度 核桃树喜光,栽植密度过大,果园郁闭,影响产量;密度过小,土地利用率低。因此,核桃栽植密度,应根据立地条件、栽培品种和管理水平不同而异,以单位面积能够获得高产、稳产,便于管理为原则。栽培在土层深厚,肥力较高的条件下,树冠较大,株行距也应大些,晚实核桃可采用 6 米×8 米或 8 米×9 米,早实核桃可采用 4 米×5 米或 4 米×6 米,也可采用 3 米×3 米或 4 米×4 米的计划密植形式,当树冠郁闭光照不良时,可有计划地间伐成 6 米×6 米和 8 米×8 米。

对于栽植在耕地田埂、坝堰,以种植作物为主,实行果粮间作的核桃园,间作密度不宜硬性规定,一般株行距为 6 米×12 米或 8 米×9 米。山地栽植以梯田宽度为准,一般 1 个台面 1 行,台面宽于 20 米的可栽植两行,台面宽度小于 8 米时,隔台 1 行,株距一般为晚实核桃 5～8 米,早实核桃 4～6 米。

4. 定植 栽植以前,将苗木的伤根、烂根剪除后,用泥浆蘸根,使根系吸足水分,以利成活。定植穴挖好以后,将表土和土粪混合填入坑底,然后将苗木放入,舒展根系,分层填土,边填边提边踏,一边根系要与土充分接触,培土至与地面相平,全面踏实后,打出树盘,充分灌水,待水渗下后,用土封好。苗木栽植深度可略超过原苗木根径 5 厘米,栽后 7 天再灌水 1 次。

提高成活率的措施:挖大穴,保证苗木根系舒展;在灌溉困难的园地,树盘用地膜覆盖(不仅可防旱保墒,还可以增加地温),促进根系再生恢复;防治病虫害,清除杂草。北方部分地区,可在越冬前 2～3 年的核桃枝条上涂抹动物油,这样有一定的防寒作用。

四、栽植当年的核桃苗管理

(一)除草施肥灌水

为了促进幼树的生长发育,应及时进行人工除草,施肥灌水及加强土壤管理等。

栽植后应根据土壤干湿状况及时浇水,以提高栽植成活率,促进幼树生长。栽植灌水后,也可用地膜覆盖树盘,以减少土壤蒸发。在生长季,结合灌水,可追施适量化肥,前期以追施氮肥为主,后期以磷、钾肥为主;也可进行叶面喷肥。结果前应以氮肥为主,以促进树冠形成,提早结果。

(二)苗木成活情况检查及补栽

春季萌发展叶后,应及时检查苗木的成活情况,对未成活的植株,应及时补植同一品种的苗木。

（三）定　干

对于达到定干高度的幼树,要及时进行定干。定干高度要依据品种特性、栽培方式及土壤和环境等条件而确定,立地条件好的核桃树定干可以高一点;平原密植园,定干要适当低一些。一般来讲,早实核桃的树冠较小,定干高度一般以 1.0～1.2 米为宜;晚实核桃的树冠较大,定干高度一般为 1.2～1.5 米;有间作作物时,定干高度为 1.5～2.0 米。栽植于山地或坡地的晚实核桃,由于土层较薄,肥力较差,定干高度可在 1.0～1.2 米。果材兼用型品种,为了提高干材的利用率干高可定在 3 米以上。

（四）冬季防抽干

我国华北和西北地区冬季寒冷干旱,栽后 2～3 年的核桃幼树,经常发生抽条现象,因此要根据当地具体情况,进行幼树防寒和防抽条工作。

防止核桃幼树抽条的根本措施是提高树体自身的抗冻性和抗抽条能力。加强水肥管理,按照前促后控的原则,7 月份以前以施氮肥为主,7 月份以后以磷、钾肥为主,并适当控制灌水。在 8 月中旬以后,对正在生长的新梢进行多次摘心并开张角度或喷布 1 000～1 500 毫克/千克的多效唑,可有效控制枝条旺长,增加树体的营养贮藏和抗性。入冬前灌 1 次冻水,提高土壤的含水量,减少抽条的发生。还要及时防止大青叶蝉在枝干上产卵危害。在此基础上,对核桃幼树采取埋土、培土防寒,结合涂刷聚乙烯醇胶液(聚乙烯醇胶液的熬制方法:将工业用的聚乙烯醇放入 50℃ 温水中,水与聚乙烯醇的比例 1∶15～20,边加边搅拌,直至沸腾,等水沸后再用文火熬制 20～30 分钟,凉至不烫手后涂抹),也可在树干绑秸秆、涂白,减少核桃枝条水分的损失,避免抽条发生。

第四章　核桃园土肥水管理

和老核桃树一样,新栽良种核桃园也普遍存在着重栽轻管甚至不管的现象。新品种需要新的栽培管理技术,否则,新品种的优势很难发挥。一般来讲,早实品种丰产性较强,但需要较好的立地条件和栽培管理水平。如果结果后缺乏土肥水管理,容易形成小老树,有的则虫害严重。在生产上,很多核桃园不进行修剪,树形乱,经济效益差。现在的核桃新品种对核桃整形修剪和肥水管理要求较高,只有做到良种良法配套才能使核桃园整洁,核桃树健壮,才能使经济效益增加。

一、土壤管理

土壤管理是核桃园的重要工作之一。良好的土壤管理能促进核桃幼树快速生长,提早结果,也能使盛果期核桃树高产稳产。良好的土壤管理是核桃园实现可持续发展的保障。

(一)深翻施有机肥

深翻是土壤管理的一项基本措施。土壤经过深翻可以改善土壤结构,提高保水、保肥能力,改善根系环境,达到增强树势,提高产量的目的。土壤深翻易在采果后至落叶前进行。深度应在80～100厘米。此时被打断的根系容易愈合,发出大量新根,如果结合施基肥,有利于树体吸收、积累养分,提高树体耐寒力,也为来年生长和结果打下基础。常用的深翻方式主要有以下几种:

1. 全园深翻　一般应在建园前或幼树期全园深翻1次。深度在80～100厘米。全园深翻用工量大,但深翻后便于平整土地和以后的操作。

2. 行间深翻 行间深翻对核桃根系伤害较小,每年在每行树冠投影以外开深度在 60～80 厘米的沟,埋入秸秆等有机肥。也可隔一行翻一行,下一年再翻另一行。这样工作量相对于全园深翻要小。

3. 深翻扩穴 深翻扩穴又叫放树窝子。幼树栽植后,根据根系生长情况,逐年向外深翻,扩大定植穴,直到翻遍全园。这样每年用工少,但需要几年才能完成。

(二)压土与掺沙

压土与掺沙是常用的土壤改良方法,具有改良土壤结构、改善根际环境、增厚土层等作用。

北方寒冷地区一般在晚秋初冬进行,可起保温防冻的作用。压土掺沙后,土壤熟化、沉实,有利核桃生长发育。

压土厚度要适宜,过薄起不到压土作用,过厚对核桃生育不利,"沙压黏"或"黏压沙"时一定要薄一些,不要超过 10 厘米。连续多年压土,土层过厚会抑制核桃根系呼吸,从而影响核桃生长和发育,造成根颈腐烂,树势衰弱。压土、掺沙应结合增施有机肥,并进行深翻,使新旧土、沙土混匀。

(三)中耕除草

中耕和除草,是核桃园土壤管理中经常采用的两项紧密结合的技术措施,中耕是除草的一种方式,除草也是一种较为简单的中耕。

1. 中耕的主要作用 改善土壤温度和通气状况,消灭杂草,减少养分、水分竞争,造就深、松、软、透气和保水保肥的土壤环境,以促进根系生长,提高核桃园的生产能力。中耕在整个生长季中可进行多次。在早春解冻后,及时耕耙或浅刨全园,并结合镇压,以保持土壤水分,提高土温,促进根系活动。秋季可进行深中耕,使干旱地核桃园多蓄雨水,涝洼地核桃园可散墒,防止土壤湿度过大及通气不良。

2. 除草 在不需要进行中耕的果园,也可单独进行。杂草不但与核桃树竞争养分和阳光,有的还是病菌的中间寄主和害虫的栖息地,容易导致病虫害蔓延,因此需要经常进行除草工作。除草宜选择晴天进行。

(四)生草栽培

除树盘外,在核桃树行间播种禾本科、豆科等草种的土壤管理方法叫做生草法。生草法在土壤水分条件较好的果园,可以采用。选择优良草种,关键时期补充肥水,刈割覆于地面。在缺乏有机质,土层较深厚,水土易流失的果园,生草法是较好的土壤管理方法。

生草后土壤不进行耕锄,土壤管理较省工。生草可以减少土壤冲刷,遗留在土壤中的草根,可增加土壤有机质,改善土壤理化性状,使土壤能保持良好的团粒结构。在雨季草类吸收土壤中过多的水分、养分;冬季,草枯死,腐烂后又将养分释放到土壤中供核桃树利用,因此生草可提高核桃树肥料利用率,促进果实成熟和枝条充实,提高果实品质。生草还可提高核桃树对钾和磷的吸收,减少核桃缺钾、缺铁症的发生。

长期生草的果园易使表层土板结,影响通气。草根系强大,且在土壤上层分布密度大,截取渗透水分,并消耗表土层氮素,因而导致核桃根系上浮,与核桃争夺水肥的矛盾加大,因此要加以控制。果园采用生草法管理,可通过调节割草周期和增施矿质肥料等措施,如1年内割草4~6次,每667米^{2}增施5~10千克硫酸铵,并酌情灌水,则可减轻与核桃争肥争水的弊病。

果园常用草种有三叶草、紫云英、黄豆、苕子、毛野豌豆、苦豆子、山绿豆、山扁豆、地丁、鸡眼草、草木樨、鹅冠草、酱草、黑麦草、野燕麦等。豆科和禾本科混合播种,对改良土壤有良好的作用。选用窄叶草可节省水分,一般在年降雨量 500 毫米以上,且分布不十分集中的地区,即可试种。在生草管理中,当出现有害草种时,须翻耕重播。

(五)核桃园覆盖

在核桃需肥水最多的生长前期保持清耕,后期或雨季种植覆盖作物,待覆盖作物成长后,适时翻入土壤中作绿肥,这种方法称为清耕覆盖法。它是一种比较好的土壤管理办法,兼有清耕法与生草法的优点,同时减轻了两者的缺点。如:前期清耕可熟化土壤,保蓄水分、养分,供给核桃需要,具有清耕法管理土壤的优点;后期播种间作物,可吸收利用土壤中过多的水肥,有利于果实成熟,提高品质,并可以防止水土流失,增加有机质,即具有生草法的某些优点。

果园覆盖,就是用秸秆(包括小麦秆、油菜秆、玉米秆和稻草等农副作物和野草),或薄膜覆盖果园的方法。在果园进行覆盖,能增加土壤中的有机质含量,调节土壤温度(冬季升温、夏季降温),减少水分的蒸发与径流,提高肥料利用率,控制杂草生长,避免秸秆燃烧对环境造成的污染,提高果品品质。

覆草,一年四季都可进行,但以夏末秋初为好。覆草前应适量追施氮肥,随后及时浇水或趁降雨追肥后覆盖。覆草厚度以 15～20 厘米为宜,为了防止大风吹散草或引起火灾,覆草后要进行斑点状压土,但切勿全面压土,以防造成通气不畅。覆草后草逐年腐烂减少,要不断补充新草。平地和山地果园均可采用。

地膜覆盖,具有增温、保温、保墒提墒和抑制杂草等功能,有利于核桃树的生长发育。尤其是新栽幼树,覆膜后成活率提高,缓苗期缩短,越冬抗寒能力增强。覆膜时期一般选择在早春进行,最好是春季追肥、整地。浇水，或降雨后趁墒覆膜。覆膜时，膜的四周用土压实，膜上斑斑点点地压一些土，以防风吹和水分蒸发。

（六）核桃园间作

幼园核桃树体间空地较多可间作。间作可形成生物群体，群体间可互相依存，还可改善微区气候，有利幼树生长，并可增加收入，提高土地利用率。

合理间作既充分利用光能，又可增加土壤有机质，改良土壤理化性状。如间作大豆，除收获大豆外，遗留在土壤中的根、叶，每667 米² 地可增加有机质约 17.5 千克。利用间作物覆盖地面，可抑制杂草生长，减少蒸发和水土流失，还有防风固沙作用，缩小地面温变幅度，改善生态条件，有利于核桃的生长发育。

盛果期核桃园，在不影响核桃树生长发育的前提下，也可种植间作物。种植间作物，应加强树盘肥水管理。尤其是在作物与树竞争养分剧烈的时期，要及时施肥灌水。

间作物要与树保持一定距离。尤其是播种多年生牧草，更应注意。因多年生牧草根系强大，应避免其根系与树根系交叉，加剧争肥争水的矛盾。间作物植株矮小，生育期较短，适应性强，与树需水临界期最好能错开。在北方没有灌溉条件的果园，耗水量多的宽叶作物（如大豆）可适当推迟播种期。间作物与树没有共同病虫害，比较耐阴和收获较早等。

为了避免间作物连作所带来的不良影响，需根据各地具体条件制定间作物的轮作制度。轮作制度因地而异，以选中耕作物轮作较好。

二、施肥技术

在实际的生产管理中施肥不合理或不施肥的现象普遍存在。

造成这一现象的重要原因之一是:尚未制定出全面有效、统一的施肥标准。氮、磷、钾是果树生长发育过程中所必需的大量元素。目前,国内外已经在苹果、柑橘、桃等主要果树上进行了施肥量与果树生长和果实品质相关研究,发现施用适量的氮、磷、钾肥能够促进果树花芽分化,提高坐果率,增加平均单果重等。

(一)肥料种类

肥料可分为有机肥料和化肥两种。有机肥料是有机物料经过堆积、腐熟而成,如厩肥、堆肥等可做基肥。它能够在较长时间内持续供给树体生长发育所需要的养分,并能在一定程度上改良土壤性质。化肥以速效性无机肥料为主,根据树体需要,在核桃生长期施入,以补充有机肥料的不足。其主要作用是满足某一生长阶段核桃对养分的大量需求。

1. 有机肥料　我国果园土壤有机质普遍偏低,大部分土壤有机质不足 1%。要提高土壤有机质主要依靠有机肥料的施用。有机肥料也称农家肥,是农村中利用人畜禽粪便、杂草、秸秆等有机物质就地取材、就地积存的肥料。有机肥料种类多、来源广、营养成分全面,是果园基础肥料。

有机肥料大多含有丰富的有机质、腐殖质及果树所需的各种大量和中、微量元素。由于其许多养分以有机态存在,其营养释放缓慢,但是肥效持久,要经过微生物发酵分解,才能为果树吸收利用。我国果园土壤中有机质含量严重不足,增加有机肥施用,不仅能供给果树各种元素,增加土壤肥力,还能改良土壤机构,改善根系环境。

(1)粪肥　是人粪尿、畜禽粪的总称。富含有机质和各种营养元素,其中人粪尿含氮较高,肥效较快,可作追肥、基肥使用,但以基肥最好。人粪尿不能与草木灰等碱性肥料混合,以免造成氮素损失。畜粪分解慢,肥效迟缓,宜作基肥。禽粪主要以鸡粪为主,氮、磷、钾及有机质含量均较高,宜作基肥和追肥。由于新鲜鸡粪中的氮主要以尿酸盐类存在,不能被植物直接吸收利用,因此,用鸡粪作追肥时,应先堆积腐熟后使用。鸡粪在堆积腐熟过程中,易发高温,造成氮素损失,应作好盖土保肥工作。

利用人畜粪尿进行沼气发酵后再作肥料使用,既可提高肥效,又可杀菌消毒。

(2)土杂肥　是指炕土、老墙土、河泥、垃圾等,这些肥料含有一定数量的有机质和各种养分,有一定的利用价值,均可广泛收集利用。

(3)堆肥　是以秸秆、杂草、落叶等为主要原料进行堆制利用微生物的活动使之腐解而成。堆肥营养成分全,富含有机质,为迟效肥料,有促进土壤微生物的活动和培肥改土的作用,宜作基肥。

(4)绿肥　是苜蓿等绿肥植物刈割后翻耕或沤制而成,其富含有机质及各种矿质元素,长期栽种绿肥既有利于提高土壤有机质含量,还可改良土壤。

绿肥沤制时应先将鲜草铡成小段,混入 1% 过磷酸钙(即 100千克绿肥加 1 千克过磷酸钙),将绿肥和土相间放入坑内,踏实,灌入适量的水,最上层用土封严,待腐烂后开环沟或放射沟施于树下。也可趁雨季湿度大时压青,因为绿肥作物的分解一般要求在厌氧状态和一定湿度条件下进行,所以必须在土壤湿度条件较好时压青。压青的方法是将刈割后的绿肥像施用有机肥的方法(在树盘外沿挖沟)压在树下土中,一般初果期果树压铡碎的鲜茎叶25～50 千克,压青时也要混入 1% 过磷酸钙。压青时务必一层绿肥与一层土相隔(切忌绿肥堆积过厚,以免绿肥发生腐烂时发热烧伤根系)并加以镇压,湿度不够应灌水。

2. 化学肥料　化学肥料又叫商品肥料或无机肥料。与有机肥料相比,其特点是成分单一,养分含量高,肥效快,一般不含有机质并具有一定的酸碱反应,贮运和使用比较方便。化学肥料种类

第四章　核桃园土肥水管理

很多,一般可根据其所含养分、作用、肥效快慢、对土壤溶液反应的影响等来进行分类。

按其所含养分可划分为氮肥、磷肥、钾肥和微量元素肥料。其中,只含有一种有效养分的肥料称为单质化肥,同时含有氮磷钾三要素中两种或两种以上元素的肥料称为复合肥料。

(1)氮肥　品种比较多,按其特性大致可分为铵态氮肥、硝态氮肥、硝—铵态氮肥、酰铵态氮肥四大类。常用氮肥有:

①碳酸氢铵(NH_4HCO_3)　含氮为17%。碳酸氢铵生产工艺简单,成本低,是我国小型化肥厂的主要产品,易溶于水,为速效型氮肥,除含氮外,施入土壤后分解释放的二氧化碳气有助于碳素同化作用,是一种较好的肥料。但是碳酸氢铵不稳定,在高温和潮湿空气中极易分解,挥发散失氮素,应在干燥阴凉处贮存,用时有计划开袋,随用随开。

碳酸氢铵适于各种土壤,可作追肥或基肥。旱地施用必须深施盖土,随施随盖,及时浇水,这是充分发挥碳酸氢铵肥效的重要环节,在石灰性、碱性土上尤应注意。碳酸氢铵不能与碱性肥料混合施用,干施时不能与潮湿叶面接触,以免叶片烧伤受害,也不能在烈日当头的高温下施用。

②尿素[$CO(NH_2)_2$]　含氮量为44%～46%,是固体氮肥中浓度最高的一种。贮运时宜置于凉爽干燥处,防雨防潮。尿素为中性肥料,长期施用对土壤没有破坏作用。尿素的氮在转化为碳酸铵前,不易被土壤胶粒等吸附,容易随水流失,转化后,氮素易挥发散失;转化时间因温、湿度而异,一般施入土内2～3天最多半个月即可大部分转化,肥效较其他氮肥略迟,但肥效较长。尿素转化后产生的碳酸有助于碳素同化作用,也可促进难溶性磷酸盐的溶解,供树体吸收、利用。

尿素适于各种土壤,一般作追肥施用,注意施匀,深施盖土,施后可不急于灌水,尤其不宜大水漫灌,以免淋失。尤宜作根外追肥用,但缩二脲超过 2% 的尿素易产生毒害,只宜在土壤中施用。

③硝酸铵(NH_4NO_3) 含氮量为 34%～35%,铵态氮和硝态氮各约占一半,养分含量高,吸湿性强,有助燃性和爆炸性,贮存时宜置凉处,注意防雨防潮,不要与易燃物放在一起,结块后不要用铁锤猛敲。为生理中性肥料。肥效快,在土壤水分较少的情况下,作追肥比其他铵态氮肥见效快,但在雨水多的情况下,硝态氮易随水流失。

硝酸铵适于各种土壤,宜作追肥用,注意"少量多次"施后盖土。如果必须用作基肥时,应与有机肥料混合施用,避免氮素淋失,以增进肥效。

④硫酸铵[$(NH_4)_2SO_4$] 易溶于水,肥效快。为生理酸性肥料,施入土后,铵态氮易被作物吸收或吸附在土壤胶粒上,硫酸根离子则多半留在土壤溶液中,因此酸性土壤长期施用会提高土壤酸性,中性土壤中则会形成硫酸钙堵塞孔隙,引起土壤板结,因此,在保护地果树栽培中忌用此肥以防土壤盐渍化。宜作追肥,注意深施盖土,及时灌水。不能与酸性肥料混用,在石灰土壤中配合有机肥料施用,可减少板结现象。

⑤氨水(NH_4OH) 含氮 16%～17%。挥发性强,有刺激性气味,挥发出的氨气能烧伤植物茎、叶。呈碱性反应,对铜等腐蚀性强。贮运时要注意防渗漏、防腐蚀、防挥发。可作追肥或基肥。施用时,应尽快施入土内,避免直接与果树茎、叶接触。可对水30～40 倍,开沟10～15 厘米深施,施用后立即覆土,也可用 50 份细干土、圈粪或风化煤等与 1 份氨水混合,然后撒施浅翻。

(2)磷肥 根据所含磷化物的溶解度可分为水溶性、弱酸溶性和难溶性等三类:水溶性磷肥有过磷酸钙等,能溶于水,肥效较快;弱酸性磷肥有钙镁磷肥等,施入土壤后,能被土壤中作物根系分泌的酸逐渐溶解而释放为果树吸收利用,肥效较迟;难溶性磷肥有磷矿粉、骨粉等,一般认为只有在较强的酸中才能溶解,施入土中,肥效慢,后效较长。

磷肥中的磷酸盐溶入土壤水分中后,如果未被作物吸收,就有被土壤固定的可能,在碱性或石灰性强的土壤中,易转化成不易被植物根系直接利用的磷酸钙或磷酸镁。磷肥在土壤中移动性小,施在哪里就几乎停在哪里,这些都影响磷肥的有效性。采用集中施、分层施,作基肥深施到根系集中分布层,与有机肥料混合或堆沤后施用,可以减少土壤对水溶性磷的固定,提高磷肥肥效。

磷肥只有与充足的氮肥及有机肥料配合使用,才能达到应有的效果。常用磷肥有:

①过磷酸钙 含磷 12%~18%,有吸湿性和腐蚀性,受潮后结块,呈酸性。不宜与碱性肥料混用,以免降低肥效。为水溶性速效磷肥,可作追肥用,但最好用作基肥。加水浸取出的澄清液可作磷素根外追肥用。

②磷矿粉 由磷矿石直接磨制而成。为难溶性磷肥,有效磷含量不高,因此施用量要比其他磷肥大 3~5 倍,但后效较长,往往第二年的肥效大于第一年的肥效。为了提高磷矿粉肥效,最好与有机肥料混合堆沤后再施,或与酸性、生理酸性肥料混合施用。宜作积肥,集中深施。

(3)钾肥 常用的钾肥包括以下几种:

①硫酸钾(K_2SO_4) 含氧化钾 48%~52%,易溶于水。为生理酸性肥料,同硫酸铵一样长期施用其残留的硫酸根会使酸性土酸性增加,石灰性土可能引起板结,不宜长期在保护地果树上运用。可作基肥或追肥,但钾在土壤中移动性小,一般多作基肥或早期追肥,开沟、开穴深施至根系大量分布层,以提高肥效。

②氯化钾(KCl) 含氧化钾 50%~60%,易溶于水,易吸潮结块,宜置高燥处贮存。施用方法与硫酸钾近似,但由于含有氯不宜在盐渍土施用,也不宜在忌氯作物(马铃薯、烟草、葡萄等)上施用,在苹果上长期施用,会提高土壤酸性。

③草木灰　草木灰是柴草燃烧后的残渣,成分比较复杂。以钙、磷、钾为主,一般草木灰中含氧化钾(K₂O)约 6%～25%,含磷(P₂O₅) 3%～5%,含石灰(CaO) 30%。习惯上把草木灰当钾肥看待,实际上是一种以磷酸钾为主的无机肥料。草木灰中的钾多以磷酸钾形式为主可占全钾量的 90%。还有少量硫酸钾和氯化钾,磷为弱酸溶性,钙以氧化钙形式存在。都易被作物吸收利用。所以草木灰是一种速效肥料。草木灰里的养分易溶于水、比重小。草木灰易随风飞扬散失,在保管过程中要单存,避免雨淋、水泡、风吹,不要与粪尿混合。

草木灰施入土壤后,钾可直接被作物吸收或被土壤胶体吸附,施入后不会流失。开始施入时能引起土壤变碱性,但当其中的钾被作物吸收或土壤吸附后,碱性又会逐渐降低。

草木灰在一般土壤都可施用,只有盐碱土不宜施用,可作基肥、追肥,亦可用浸出液进行根外追肥,施肥方法与硫酸钾相同,但不宜与铵态氮肥、尿素、人粪尿、过磷酸钙等混合施用。

(4)复(混)合肥料　是指含有氮磷钾三要素中的两个或两个以上的化学肥料。它主要优点是能同时供应作物多种速效养分,发挥养分之间的相互促进作用;物理性质好,副成分少,易贮存,对土壤不良影响也小。

复混肥料品种多,成分复杂,性质差异大。以下介绍几种常用的复合肥料和混合肥料的成分和性质。

①硝酸磷肥　硝酸磷肥是二元氮磷复合肥料,有效养分含量一般有两种:20-20-0 和 26-13-0。硝酸磷肥的主要成分是硝酸铵(NH₄NO₃)、硝酸钙[Ca(NO₃)₂]、磷酸一铵(NH₄H₂PO₄)、磷酸二铵[(NH₄)₂HPO₄]、磷酸一钙[Ca(H₂PO₄)₂]、磷酸二钙(CaHPO₄)。硝酸磷肥呈深灰色,中性,吸湿性强,易结块,应注意防潮。肥料中非水溶性的硝态氮,约各占磷、氮总量的一半。硝态氮不被土壤吸附,易随水流失,施在旱地往往比水田好;在严重缺磷的旱

地土壤上,应选用高水溶率(P_2O_5水溶率大于50%)的硝酸磷肥。宜作基肥或早期追肥。

②磷酸铵　磷酸铵实际上是磷酸二铵$[(NH_4)_2HPO_4]$和磷酸一铵($NH_4H_2PO_4$)的混合物,为二元氮磷复合肥料。磷酸二铵养分为18-46-0,磷酸一铵养分为12-52-0。成品磷酸二铵中含有少量磷酸一铵。磷酸铵是白色颗粒,易溶于水,呈中性,性质稳定,磷素几乎均为水溶性的。磷酸二铵性质较稳定,白色或灰白色,易溶于水,偏碱性,吸湿性小,结块易打散;磷酸一铵性质稳定,偏酸性,适于作基肥。因肥料中磷是氮的$3\sim4$倍,果树施用时要配合单元氮肥。磷酸铵是生产混合肥料的一种理想基础肥料。

③磷酸二氢钾　磷酸二氢钾分子式为KH_2PO_4。工业上纯净的磷酸二氢钾的养分含量为0-52-35,农用的一般为0-24-27,是二元磷钾复合肥料。农用的磷酸二氢钾为白色结晶,易溶于水,吸湿性小,不易结块,溶液呈酸性反应(pH＝$3\sim4$)。由于磷酸二氢钾价格较贵,目前多用于叶面喷施。

④硝酸钾　硝酸钾也称钾硝石,俗名火硝,分子式为KNO_3,养分含量13-0-46,是一种低氮高钾的二元氮钾复合肥料。硝酸钾呈白色结晶体,吸湿性小,不易结块,副成分少,易溶于水,为中性反应。它含硝态氮,易流失。硝酸钾与易燃物接触,在高温下易引起燃烧爆炸,贮存时应予注意。

⑤铵磷钾肥　铵磷钾肥是用磷酸铵、硫酸铵和硫酸钾按不同比例混合而成,养分含量有12-24-12(S)、10-20-15(S)、10-30-10(S)等多种,是三元氮磷钾混合肥料。现在也有在尿素磷酸铵,或氯铵磷酸铵,或氯铵普钙的混合物中再加氯化钾,制成含单氯或双氯的三元氮磷钾混合肥料,但不能用在忌氯果树上。铵磷钾肥的物理性状良好,易溶于水,易被作物吸收利用。它以作基肥为主,也可作早期追肥。为不含氯的混合肥料,目前主要用在烟草、果树等忌氯作物上,施用时可根据需要,选用其中一种适宜的养分比

例,或在追肥时用单质氮肥进行调节。

⑥硝磷钾肥 硝磷钾肥由硝酸铵、磷酸铵、硫酸钾或氯化钾等组成。养分含量一般为 10-10-10(S)、15-15-15(C1)、12-12-17(S)等形式,是三元氮磷钾复合肥料。它是在制造硝酸磷肥的基础上,添加硫酸钾或氯化钾后制成。生产时可按需要选用不同比例的氮、磷、钾。硝磷钾肥呈淡褐色颗粒,有吸湿性,磷素中有 30%～50% 为水溶性,为不含有氯离子的氮磷钾肥,如现在山东省推广的养分含量为 12-12-17(S)-2(其中 2 为 2% 的镁)的产品,已成为果树产区的专用肥料,作为果树基肥和早期追肥,增产和提高品质的效果显著,667 米² 用量 100～200 千克。

(二)施肥时期

肥料的施用时期与肥料的种类和性质,以及肥料的施用方法、土壤条件、气候条件、果树种类和生理状况有关。一般的原则是及时满足果树需要,提高肥料利用率,尽量减少施肥次数而节省劳力。

1. 有机肥的施用时期 有机肥施用最适宜时期是秋季(采果后至落叶前 1 个月),其次是落叶至封冻前,以及春季解冻至发芽前。秋施基肥能有充足的时间腐熟,并使断根愈合发出新根,因为此时正是根的生长高峰期,根的吸收力较强,吸收后可以提高树体的贮藏营养水平。树体较高的营养贮备和早春土壤中养分的及时供应,可以满足春季发芽展叶、开花、坐果和新梢生长的需要。而落叶后和春季施基肥,肥效发挥作用的时间晚,对果树早春生长发育的作用很小,等到肥料被大量吸收利用时,往往就到了新梢的旺长期。山区干旱又无水浇条件的果园,因施用基肥后不能立即灌水,所以,基肥也可在雨季趁墒施用,但一定要让有机肥充分腐熟,施肥速度要快,并注意不伤粗根。

2. 化肥的施用时期 核桃树作为多年生植物,贮藏营养水平的高低对其生长发育特别重要,因此应重视基肥,时间是在 9 月下旬。施肥种类以有机肥为主,配合施氮、磷、钾化肥,有微量元素缺乏症的园片可在此时补充。此期化肥施用量占全年施用量的 2/5。

追肥一般每年进行 2～3 次,第一次在核桃开花前或展叶初期进行,以速效氮为主。主要作用是促进开花坐果和新梢生长。追肥量应占全年追肥量的 50%。第二次在幼果发育期(6 月份),仍以速效氮为主,盛果期树也可追施氮、磷、钾复合肥料。此期追肥主要作用是促进果实发育,减少落果,促进新梢的生长和木质化程度的提高,以及花芽分化,追肥量占全年追肥量的 30%。第三次在坚果硬核期(7 月份),以磷、钾复合肥为主,主要作用是供给核桃仁发育所需的养分,保证坚果充实饱满。此期追肥量占全年追肥量的 20%。

(三)施肥标准

适宜施肥量的确定是一个十分复杂的问题,牵涉到计划产量、土壤类型和养分含量、肥料种类及利用率、气候因素等。平衡施肥是果树发展的方向,平衡施肥的关键是估算施肥量。施肥量的估算方法有地力分区(分级)法、目标产量法和肥料效应函数法等。

1. 地力分区(分级)法 这一方法是按土壤肥力高低分成若干等级,或划出一个肥力均等的田块,作为一个配方区,利用土壤普查资料和过去的田间试验结果,结合群众经验,估算出这一配方区内比较适宜的肥料种类和施用量。

这一方法的特点比较简单粗放,便于应用,但有一定的地域局限性,只适用与那些生产水平差异小,基础较差的地区。

2. 目标产量法 这一方法是根据核桃产量,由土壤和肥料两个方面供给养分的原理来计算施肥量,这一方法应用最为广泛,其基本估算方法如下：

$$计划施肥量（千克）=$$
$$\frac{果树计划产量所需养分总量（千克）-土壤供肥量（千克）}{肥料养分含量（\%）\times 肥料利用率（\%）}$$

$$果树计划产量所需养分总量（千克）=$$
$$\frac{果树计划产量}{100}\times 形成100千克经济产量所需养分的数量$$

$$肥料利用率（\%）=$$
$$\frac{施肥区果树体内该元素的吸收量-不施肥区果树体内该元素的吸收量}{所施肥料中该元素的总量\times 100}$$

土壤养分供给量（千克）=土壤测定值（毫克/千克）×0.15×矫正系数

0.15 为土壤测定值（毫克/千克）换算成每 667 米^2 土壤养分含量的（千克）的换算系数

$$矫正系数（即果树对土壤养分的利用率）=$$
$$\frac{空白区产量\times 果树单位产量的吸收量}{土壤养分测定值（毫克/千克）\times 0.15}$$

在应用计划施肥量计算公式时，应从实际出发，按产供肥，不能以肥定产；还需指出应加强其他管理措施，使施肥与水分管理、病虫防治等农业措施相互配套应用；肥料利用率受施肥时期、施肥量、释放方法和肥料种类的影响，在目前一般的栽培管理水平下，果园化学肥料氮肥的利用率一般为 15％～30％，磷肥的利用率为 10％～15％，钾肥的利用率为 40％～70％，有机肥料的利用率较低，一般腐熟较好的厩肥或泥肥利用率在 10％ 以下。

（四）施肥方法

1. 土壤施肥方法

（1）环状沟施肥　特别适用于幼树施基肥，方法为在树冠外

第四章　核桃园土肥水管理

沿 20～30 厘米处挖宽 40～50 厘米、深 50～60 厘米(追肥时深度为 20～30 厘米)的环状沟,把有机肥与土按 1：3 的比例及一定数量的化肥掺匀后填入。随树冠扩大,环状沟应逐年向外扩展。此法操作简便,但断根较多。

(2)条状沟施肥　在树的行间或株间或隔行开沟施肥,沟宽、深同环状沟施肥一样。此法适于密植园施基肥。

(3)辐射状施肥　从树冠边缘处向里开 50 厘米深、30～40 厘米宽的条沟(行间或株间),或从距干 50 厘米处开始挖成放射沟,内膛沟窄些、浅些(约 20 厘米深,20 厘米宽),冠边缘处宽些、深些(约 40 厘米深,40 厘米宽),每株 3～6 条沟,依树体大小而定。然后将有机肥、轧碎的秸秆、土(最好沙土地填充一些黏土,黏土园填一些沙或砾石)混合,根据树体大小可再向沟中追入适量尿素(一般 50～100 克,或浇人粪尿)、磷肥,根据土壤养分状况可再向沟中选择加入适量的硫酸亚铁、硫酸锌、硼砂等元素,然后灌水,最好再结合覆草或覆膜。在沟中透气性好,养分富足且平衡,而且在大量有机质存在的前提下,微量元素、磷的有效率高,有机质、秸秆还可以作为肥水的载体,使穴中保肥保水、供水供肥力强、肥水稳定,就好像形成了一个大的团粒,为沟中根系创造最佳的环境条件。在追肥时也可开浅沟,沟长度与树的枝展相同,深度 10～15 厘米,将肥料均匀撒入沟中并与土掺匀(切忌施用大块化肥,以免烧根),然后覆土浇水,也可雨后趁墒情好时追化肥。

(4)地膜覆盖、穴贮肥水法　3 月上中旬至 4 月上旬整好树盘后在树冠外沿挖深 35 厘米、直径 30 厘米的穴,穴中加一直径 20 厘米的草把(玉米秸、麦秸、稻秸、高粱秸均可),高度低于地面 5 厘米(即长 30 厘米),先用水泡透,放入穴内,填上土与有机肥的混合物,然后灌营养液 4 千克。穴的数量视树冠大小而定,一般 5～10 年生树挖 2～4 个穴,成龄树 6～8 个穴。最后覆膜,将穴中心的地膜戳 1 个洞,平时用石块封住防止蒸发。由于穴低于地面

62

5 厘米,降雨时可使雨水循孔流入穴中,如不下雨,每隔半个月左右浇 4 升水,进入雨季后停止灌水,在花芽生理分化期可再灌 1 次营养液。

这种追肥方法断根少,肥料施用集中,减少了土壤的固定作用,并且草把可将一部分肥料吸附在上,逐渐释放从而加长了肥料作用时间,而且腐烂后又可增加土壤有机质;再加上覆膜,可以提高土温促使根系活动,利于及早发挥肥效;因此,这种施肥方法可以节省肥水,比一般的土壤追肥可少用一半的肥料,是经济有效的施肥方法,增产效应大。施肥穴每隔 1~2 年要改动 1 次位置。

(5)全园施肥 此法适于根系已布满全园的成龄树或密植园。要求将肥料均匀地撒入果园,再翻入土中。此法因施得浅(20 厘米左右),易导致根系上浮,降低根系对不良环境的抗性,所以最好与放射沟状施肥交替使用。

2. 根外追肥 果树除了通过根系吸收养分外,还可通过枝条、叶片等吸收养分,这种通过枝条或叶面吸收养分的施肥又称根外施肥。采取根外施肥,把握好肥料种类、浓度、时期、次数、部位等环节,可以弥补根系吸肥不足,可取得较好的增产效果。

果树根外追肥是将肥料直接喷施在树体地上部枝叶上,可以弥补根系吸收的不足或作为应急措施。根外追肥不受新根数量多少和土壤理化特性等因素的干扰,直接进入枝叶中,有利于更快的改变树体营养状况。而且根外追肥后,养分的分配不受生长中心的限制,分配均衡,有利于树势的缓和及弱势部位的促壮。另外,根外追肥还常用于锌、铁、硼等微量元素缺素症的矫正。但根外追肥不能代替根际追肥,二者各具特点,应互为补充。

果树根外追肥不仅可在生长季进行,也可在休眠期进行。休眠期根外追肥的浓度为 1%~5%,生长季的浓度为 0.1%~0.5%,对高浓度敏感的树种及微量元素肥料施用浓度应低些。

(1)选用适宜的肥料种类 根据核桃树的生长发育及营养状

况,选择适宜的根外施肥种类。在核桃幼树或生长季的初期或前期,为促进生长发育,喷施的肥料主要有尿素、硝酸钾、硝酸钙等氮肥。在核桃盛期或生长季的中期或后期,为改善果树的营养状况,叶面喷施的肥料主要有尿素、磷酸二氢钾、过磷酸钙、硫酸钾、草木灰、硝酸铵、硫酸铵及一些微量元素。

(2)选择适宜的喷施浓度　根外施肥,浓度适宜,才能收到良好的效果,浓度高,不但无益,反而有害。通常各种微肥溶液的适宜喷施浓度为:尿素 0.3%~0.5%、硝酸铵 0.1%~0.3%、磷酸二氢钾 0.2%~0.5%、草木灰 3%~5% 的浸出液、腐熟人粪尿 1%~3%、硼酸或硼砂 0.2%~0.3%、硫酸锌 0.1%~0.4%、硫酸亚铁 0.1%~0.4%、硝酸钙 0.3%~0.4%、氯化钾 0.3%,如果确需要高浓度,以不超过规定浓度的 20% 为宜(应进行小面积试验后再喷施)。

(3)选择适宜的喷施时期　根外施肥的时期,必须根据树体状况和肥料的用途不同而定。一般根外施肥在生长季节喷施,而草木灰在果实膨大期施为好,硫酸锌为防治小叶病在萌芽前喷施,硼酸、硼砂为提高坐果率在开花期喷施。为减少肥料在喷施过程的损失,最好选择在阴天喷施,晴天则选择在下午至傍晚无风时喷洒,以尽可能延长肥料溶液在果树枝叶上的湿润时间,增强植株的吸肥效果。有露水的早晨喷肥,会降低溶液的浓度,影响施肥效果。若喷后 3 小时遇雨,待晴天时补喷 1 次,但浓度要适当减低。

(4)确定适宜的喷施次数　受浓度和用量的限制,根外施 1 次肥料,难以满足树体 1 年中生长发育对营养元素的要求。一般 1 年喷 2~4 次,每次喷洒间隔期至少在 1 周以上。对土壤中微量元素缺乏、果树严重缺乏肥料,可多次喷施,并注意与土壤施肥相互结合。至于在树体内移动性小或不移动的养分(如铁、硼、钙、磷等),更应注意适当增加喷洒次数。

3. 施肥与水分管理　果树营养状况与土壤水分含量关系密

切。果园土壤中的矿质元素只有溶解在水中,才能扩散到根系表面。而且进入到果树根系的养分很大部分是随着蒸腾被运输到地上部发挥作用,多数矿质元素的有效性与土壤水分关系密切,在干旱条件下其有效性大大降低,如硼、钙等元素在干旱条件下,其有效性大大降低;但若土壤水分过多,不仅制约根系的生长,而且造成土壤养分流失,特别是水溶性强的氮、钾等元素,在土壤水分过多的情况下,随水积聚在较深的土层中,而这一层次的果树根系由于积水而吸收功能极差,果树会因此表现出暂时性缺素症;因此,加强果园水分管理,不仅对根系生长有利,而且与养分有效利用关系密切,施肥与水分管理密不可分。

(五)营养诊断

1. 树相诊断 树体的营养状况除受遗传因子控制外,生态条件与人工管理水平也影响营养物质的吸收、运转与分配,因而在一定的立地条件下,由于植株长期与其适应的结果,树体各器官的数量、质量、功能不同,形成了营养水平与外观形态不同的植株类型,即树相不同。

(1)缺氮症状及防治措施

①症状 核桃植株缺氮,叶色较浅,叶片较小,枝条生长量减少,叶片早期变黄,提前落叶。植株生长不良,则影响果实的形成和发育。

②防止措施 氮是氨基酸、蛋白质、叶绿素和其他器官组成部分的基本元素。通过春季或秋季施足腐熟的农家肥,每株需纯氮肥 1.5～1.8 千克。如果表现缺氮症,可每 667 米^2 追施尿素 5～10 千克,分 2～3 次施入。

(2)缺磷症状及防治措施

①症状 缺磷树体衰弱,叶片稀疏,小叶片比正常叶略小,叶片出现不规则的黄化和坏死部分,落叶提前,果少且小。

②防止措施　磷肥能促进核桃生根、开花、结果,增强抗逆性,提高核桃产量。磷肥一般和有机肥一起作基肥施用,每 667 米²可施优质过磷酸钙 30～40 千克。

(3)缺钾症状及防治措施

①症状　核桃树缺钾时,叶片在初夏和仲夏出现症状。叶片变灰白(类似缺氮),然后小叶叶缘呈波状并内卷,叶背呈现淡灰色。一般缺钾的叶片多数分布在枝条中部。叶片及枝条生长量降低,坚果变小。

②防止措施　钾能促进植物体内的各种代谢作用,增加油脂,提高核仁的品质。草木灰、土杂肥中含钾丰富,每 667 米² 一般施草木灰 75 千克或硫酸钾 5～7.5 千克。草木灰等钾肥容易流失,应深层施用。缺钾症状的地块,可在幼果发育期(6 月份)和坚果硬核期(7 月份)每 667 米² 施 50～75 千克草木灰。钾肥应注意与氮、磷肥配合,以取得较好的肥效。

(4)缺锌症状及防治措施

①症状　缺锌症,俗称小叶症。表现为叶小且瘦,卷曲。严重缺锌时全树叶片小而卷曲,枝条顶端枯死,有的早春表现正常,夏季则部分叶片开始出现缺锌症状。

②防止措施　在叶片长到最终大小的 3/4 时,喷施浓度为0.3％～0.5％ 硫酸锌液,隔 15～20 天喷 1 次,共喷 2～3 次,其效果可维持几年。也可于深秋依据树体大小将 1～1.2 千克硫酸锌施于距离树干 70～100 厘米,深 15～20 厘米的沟内,埋土。

(5)缺硼症状及防治措施

①症状　缺硼症主要表现为枝梢回枯,小叶叶脉间出现棕色小点,小叶易变形,幼果易脱落,空壳多。

②防止措施　冬季结冻前,土壤施用硼砂,每 667 米² 施用量为 1.5～2 千克,施后立即灌水,或喷施 0.1％～0.2％ 的硼酸溶液。应注意的是,硼过量也会出现中毒现象,其树体表现与缺硼相

似,因此,生产中要注意区分,勿过量施硼。

（6）缺锰症状及防治措施

①症状　缺锰症状在初夏和中夏开始显现,具有独特的褪绿症状,叶片失绿,叶脉之间为浅绿色,叶肉和叶缘发生焦枯斑点,易早落。

②防止措施　酸性土壤中锰易被植株吸收,碱性土壤易缺锰。整地时,每 667 米^2 施硫酸锰 1.5～3.0 千克。核桃生育期缺锰,可用 0.1% 硫酸锰溶液,每隔 10～15 天喷 1 次,注意不可过量,防止锰中毒。

（7）缺铜症状及防治措施

①症状　缺铜症常与缺铁锰症同时发生,主要表现为核仁萎缩,叶片黄化早落,小枝表皮出现黑色斑点,严重时枝条死亡。

②防止措施　在春季展叶后喷施波尔多液,或在距树干约 70 厘米处,开 20 厘米深的沟,施入硫酸铜,也可直接喷施 0.3%～0.5% 硫酸铜溶液。

（8）缺铁症状及防治措施

①症状　叶片很早出现黄化,整株叶片出现黄化,顶部叶片黄化比基部叶片黄化严重,一些严重褪绿的叶片可呈白色,发展成烧焦状,提早脱落。

②防止措施　整地时,667 米^2 施硫酸亚铁 200～400 克,与有机肥、过磷酸钙混合施用。核桃幼果发育期,坚果硬核期出现缺铁症时,每 667 米^2 用 0.2% 硫酸亚铁溶液 40～50 千克进行叶面喷施,每隔 5～6 天 1 次,连喷 2～3 次。

2. 土壤诊断

矿质元素主要来源于土壤,元素的有效性与果园有效土层的深度、理化性状、施肥制度等有关,因此进行植株诊断时还须进行土壤诊断。主要测定项目为:有效土层厚度、机械组分比例、土壤腐殖质含量、土壤 pH 值、代换性盐基量、土壤的持水量、微生物含

第四章 核桃园土肥水管理

量等。由于影响养分有效性的因子较为复杂,例如根系的吸水特点,养分向根际移动的速率,可给态养分形态间的转换与平衡,以及可给态养分测定方法等均影响研究结果,所以经常会出现土壤分析的结果与树体营养状况相关性不明显。土壤诊断养分的分级标准很多,如国际分级标准、全国分级标准、山东省分级标准等。由于果园多数建在山丘地和沙滩地上,其养分含量偏低,上述分级标准无法衡量比较。为此,通过查阅资料,把果园土分为五级(表4-1),仅供参考。某种养分含量在中等以下时,应及时补充,否则易发生缺乏症。

表 4-1　山东省果园土五级分级养分含量范围

项　目	较　高	适　宜	中　等	低	极　低
有机质(%)	>1.0	0.8~1.0	0.6~0.8	0.4~0.6	<0.4
全氮(%)	>0.08	0.06~0.08	0.04~0.06	0.02~0.04	<0.02
碱解氮(毫克/100克土)	>12	9~12	6~9	3~6	<3
有效磷(微克/克)	>20	10~20	5~10	3~5	<3
有效钾(微克/克)	>150	100~150	50~100	30~50	<30
有效锌(微克/克)	>3.0	1.0~3.0	0.5~1.0	0.3~0.5	<0.3
有效铁(微克/克)	>20	10~20	5~10	2~5	<2

3. 叶片诊断　叶片分析诊断通常是在形态诊断的基础上进行,特别是某种元素缺乏但尚未表现出典型症状时,需用叶片诊断分析方法来诊断。一般来说,叶片分析的结果是核桃树体营养状况最直接的反应,因此诊断结果准确可靠。叶片分析方法是用植株叶片元素的含量与事先经过试验研究拟定的临界含量或指标(即核桃叶片各种元素含量标准值)相比较,用以确定某些元素的缺乏或失调。

（1）样品的采集　进行叶片分析需采集分析样品，对核桃树取带叶柄的叶片。核桃树取新梢具有 5～7 个复叶的枝条中部复叶的 1 对小叶。取样时要照顾到树冠四周方位。取样的时间，在盛花后 6～8 周取样。取样数量，混合叶样不少于 100 片。

（2）样品的处理　采集的样品装在塑料袋中，放在冰壶内迅速带回试验室。取回的样品用洗涤液立即洗涤。洗涤液配法是用洗涤剂或洗衣粉配成 0.1% 的水溶液。取一块脱脂棉用竹镊子夹住轻轻擦洗，动作要快，洗几片拿几片，不要全部倒在水中，叶柄顶端最好不要浸在水中，以免养分淋失。如果叶片上有农药或肥料，应在洗涤剂中加入盐酸，配成 0.1 当量的盐酸洗涤剂溶液进行洗涤，也可先用洗涤剂洗涤，然后用 0.1 当量的盐酸洗。从洗涤剂中取出的叶片，立即用清水冲掉洗涤剂。

取相互比较的样品时，要从品种、砧木、树龄、树势、生长量等立地条件相对一致的树上取样，不取有病虫害或破损不正常的叶片；取到的样品要按田间编号、样品号、样品名称、取样地点、取样日期和取样部位等填写标签。

有研究表明，叶片中氮、磷、钾含量分别在 2.5%～3.0%、0.2%～0.3% 和 1.3%～1.5% 范围内就能满足核桃实生苗的生长需求。

三、水分管理

核桃喜湿润，耐涝，抗旱力弱，灌水是增产的一项有效措施。在生长期间若土壤干旱缺水，则成果率低，果皮厚，种仁发育不饱满；施肥后如不灌水，也不能充分发挥肥效：因此，遇到干旱时要及时灌水。

(一)灌水时期

确定果园的灌溉时期,一要根据土壤含水量,二要根据核桃物候期及需水特点。依物候期灌溉时期,主要是春季萌芽前后,坐果后及采收后 3 次。除物候指标外,还参考土壤实际含水量而确定灌溉期。一般生长期要求土壤含水量低于 60% 时灌溉;当超过 80% 时,则需及时中耕散湿或开沟排水。具体实施灌溉时,要分析当时、当地的降水状况、核桃的生育时期和生长发育状况。灌溉还应结合施肥进行。核桃应灌顶凌水和促萌水,并在硬核期、种仁充实期及封冻前灌水。

(二)灌水方法

根据输水方式,果园灌溉可分为地面灌溉、地下灌溉、喷灌和滴灌。目前大部分果园仍采用地面灌溉,干旱山区多数为穴灌或沟灌,少数果园用喷灌、滴灌,个别用地下管道渗灌。

1. 地面灌溉 最常用的是漫灌法。在水源充足,靠近河流、水库、塘坝、机井的果园,在园边或几行树间修筑较高的畦埂,通过明沟把水引入果园。地面灌溉灌水量大,湿润程度不匀。这种方法灌水过多,加剧了土壤中的水、气矛盾,对土壤结构也有破坏作用。在低洼及盐碱地,还有抬高地下水位,使土壤泛碱的弊端。

与漫灌近似的是畦灌,以单株或一行树为单位筑畦,通过多级水沟把水引入树盘进行灌溉。畦灌用水量较少,也比较好管理,但有漫灌的缺点,只是程度较轻。在山区梯田、坡地则普遍采用树盘灌溉。

穴灌是节水灌溉。即根据树冠大小,在树冠投影范围内开6～8 个直径 25～30 厘米、深 20～30 厘米的穴,将水注入穴中,待水渗后埋土保墒。在灌过水的穴上覆盖地膜或杂草,保墒效果更好。

沟灌,是地面灌溉中较好的方法,即在核桃行间开沟,把水引入沟中,靠渗透湿润根际土壤。此种方法节省灌溉用水,又不破坏土壤结构。灌水沟的多少以栽植密度而定;在稀植条件下,每隔1～1.5米开1条沟,宽50厘米、深30厘米左右;密植园可在两行树之间只开1条沟。灌水后平沟整地。

2. 地下灌溉(管道灌溉) 借助于地下管道,把水引入深层土壤,通过毛细管作用逐渐湿润根系周围。它用水经济,节省土地,不影响地面耕作。整个管道系统包括水塔(水池)、控水枢纽、干管、支管和毛管。各级管道在园中交织成网状排列,管道埋于地下50厘米处。通过干管、支管把水引入果园,毛管铺设在行间或株间,管上每隔一段距离留有出水小孔(或其他新材料渗透水)。灌溉时水从小孔渗出湿润土壤。控水枢纽处设有严密的过滤装置,防止泥沙、杂物进入管道。山地果园可把供水池建在高处,依靠自压灌溉;平地果园则须修建水塔,通过机械扬水加压。

针对干旱缺水的山区,可使用果树皿罐器。此器原料,以当地的红黏土为主,配合适量的褐、黄、黑土及耐高温的特异土,烧成3层复合结构的陶罐。罐的口径及底径均为20厘米,罐径及高皆为35厘米,壁厚0.8～1.0厘米,容水量约20升。应用时将陶罐埋于果树根系集中分布区,两罐之间相距2米,罐口略低于地平面,注水后用塑膜封口。一般情况下,每年4月上旬、5月上旬、5月末至6月初及7月末至8月初各灌水1次,共4次。陶罐渗灌可改良土壤理化性状,有利于果树生长结果。在水中加入微量元素(铁、锌等),还能防治缺素症。适合在山地、丘陵及水源紧缺的果园推广。

3. 喷灌 整个喷灌系统包括水源、进水管、水泵站、输水管道、竖管和喷头几部分。应用时可根据土壤质地、湿润程度、风力大小等调节压力,选用喷头及确定喷灌强度,以便达到既无渗漏、径流损失,又不破坏土壤结构,同时能均匀湿润土壤的目的。喷灌节约用水,用水量仅是地面灌溉的1/4,能保护土壤结构,而且还能调节果园小气候,清洁叶面,霜冻时还可减轻冻害,炎夏可降低叶温、气温和土温,防止高温、日灼伤害。

4.滴灌　整个系统包括控制设备(水泵、水表、压力表、过滤器、混肥罐等)、干管、支管、毛管和滴头。它是将具有一定压力的水,从水源经严格过滤后流入干管和支管,把水输送到果树行间,因围绕树株的毛管与支管连接,毛管上安有 4～6 个滴头(滴头流量一般为 2～4 升/时),所以水通过滴头源源不断地滴入土壤,使果树根系分布层的土壤一直保持最适宜的湿度状态。滴灌是一种用水经济、省工、省力的灌溉方法,特别适用于缺少水源的干旱山区及沙地。应用滴灌比喷灌节水 36%～50%,比漫灌节水 80%～92%。由于供水均匀、持久,根系周围环境稳定,十分有利于果树的生长发育,但滴头易发生堵塞,更换及维修困难,而且昼夜不停使用滴灌时,使土壤水分过饱和,易造成湿害。滴灌时间应以掌握湿润根系集中分布层为度。滴灌间隔期应以核桃生育进程的需求而定,通常在不出现萎蔫现象时,无须过频灌水。

(三)抗旱保墒方法

土壤含水量适宜且稳定可以促进各种矿物质的均匀转化和吸收,提高肥效,实行穴施肥水,地膜覆盖,是保持土壤含水量,充分利用水源,提高肥效的有效措施。

在瘠薄干旱的山地果园,地膜覆盖与穴贮肥水相结合效果比较好。在树盘根系集中分布区挖深 40～50 厘米、直径 40 厘米的穴,将优质有机肥约 50 千克与穴土拌和填入穴中。也可填入 1 个浸过尿液的草把,浇水后盖上地膜,地膜中心戳 1 个小洞,用石板盖住,追肥灌水可于洞口灌入肥水(30 千克左右),水渗入穴中再封严。施肥穴每隔 1～2 年改动 1 次位置。

覆盖地膜后,大大减少地面水分蒸发消耗,使土壤造成一个长期稳定的水分环境,有利于微生物活动和肥料的分解利用,起到以水济肥的作用。

（四）排水防涝

果园排水系统由小区内的排水沟、小区边缘的排水支沟和排水干沟三部分组成。

排水沟挖在果园行间，把地里的水排到排水支沟中去。排水沟的大小、坡降以及沟与沟之间的距离，要根据地下水位的高低、雨季降雨量的多少而定。

排水支沟位于果园小区的边缘，主要作用是把排水沟中的水排到排水干沟中去。排水支沟要比排水沟略深，沟的宽度可以根据小区面积大小而定，小区面积大的可适当宽些，小区面积小的可以窄些。

排水干沟挖在果园边缘，与排水支沟、自然河沟连通，把水排出果园。排水干沟比排水支沟要宽些、深些。

有泉水的涝洼地，或上一层梯田渗水汇集到果园而形成的涝洼地，可以在涝洼地的上方开 1 条截水沟，将水排出果园。也可以在涝洼地里面用石砌 1 条排水暗沟，使水由地下排出果园。对于因树盘低洼而积涝的，则结合土壤管理，在整地时加高树盘土壤，使之稍高出地面，以解除树盘低洼积涝。

第五章　整形修剪培养合理树形

一、核桃生物学特性

(一)营养器官的生长特性

1. 根系　核桃属于深根性树种,主根较深,侧根水平伸展较广,须根系长而密集,根系集中分布区为地面以下 20～60 厘米,占根总量的 80% 以上。核桃 1～2 年生实生苗表现为主根生长速度高于地上部。3 年以后,侧根生长加快,数量增多。随树龄增加,水平根扩展加速,营养积累增加,地上枝干生长速度超过根系生长速度。

核桃树根系生长与土壤类型、土层厚度和地下水位有密切关系。土壤条件和环境较好,根系分布广而深;土层薄而干旱或地下水位较高时,根系入土深度和广度均较小,因此,栽培核桃树应选择土层深厚、土质优良、离水源较近的地点,这样有益于根系发育,从而加快地上部生长,达到早期丰产的目的。

2. 枝条　核桃树的枝条分为营养枝、结果枝和雄花枝,这些枝条是形成树冠、开花结果的基础。

①营养枝　又称生长枝,根据生长势分为发育、徒长枝和二次枝。

②结果枝　着生混合花芽的枝条为结果母枝,由混合花芽萌发出具有雌花并结果的枝条为结果枝。健壮的结果枝顶端可再抽生短枝,多数当年又可形成混合花芽。早实核桃还可当年形成当年萌发,当年开花结果,称为二次花和二次枝果。结果枝上着生混

合芽、叶芽(营养芽)、休眠芽和雄花芽,但有时无叶芽和雄花芽。

③雄花枝 指除顶芽为叶芽外,其他各节均着生雄花芽而较为细弱短小的枝条。雄花枝顶芽不易分化为混合花芽。雄花枝量多是树势衰弱和品种不良的表现,消耗营养也很多,修剪时多数应疏除。

3. 叶片 核桃树叶片为奇数羽状复叶,其数量与树龄、枝条类型有关。复叶的多少、质量对枝条和果实的发育影响较大,双果枝条要有 5 至 6 片以上的复叶,才能保证枝条和果实的正常生长和发育。混合花芽或营养芽开裂后数天,可见到着生灰色茸毛的复叶原始体。经过 5 天左右,随着新枝的伸长复叶逐渐展开。再经过 10～15 天,复叶大部分展开,并由下向上迅速生长。经过 40天左右,随着新枝形成和封顶,复叶完全展开。10 月底左右叶片变黄脱落,气温低的地区,落叶较早。

(二)繁殖器官的发育特性

1. 雌花分化 雌花芽起源于混合花芽内生长点,因春季回温时间约开始于 4 月初至中旬,完成于第二年的 3 月末,需要大概1 年时间。雌花芽分化和发育表现出较明显的外部形态特征变化:4 月下旬,当雌花即将开放时在其花柄附近已形成幼嫩的顶花芽,鳞片绿色,3～5 层,闭合紧密,质软,顶花芽外部形态与叶芽无大区别;到 5 月中旬,顶花芽开始膨大,鳞片层数增多至 5～7 层,幼叶形成,并且在幼叶与外部鳞片之间有 2 层茸毛状的鳞片生成;5 月底至 6 月中旬,顶花芽继续增大,呈阔三角形,明显区别于叶芽,鳞片层数为 9 片左右,外部鳞片张开,增厚,质地变得坚硬;6月下旬,顶花芽大小已没有明显的变化,鳞片层数略有增加,达到11 片左右,颜色由绿色转为黄绿色,并且半木质化;随着季节的变换,11 月份落叶时整个顶花芽变成褐色,鳞片由外到内闭合越来越紧密,外部鳞片木质化,为保护花芽过冬做好准备,并且分化进程处于停滞状态；翌年 3 月初随着温度的回升，树体开始萌动，顶花芽鳞片由褐色变成灰绿色，内部开始形成新的嫩叶，为顶花芽的进一步发育提供充足的营养物质；3 月末，顶花芽较月初已有明显的增大，颜色为黄绿色，顶端开绽露出幼叶；4 月上旬温度达到 24℃ 左右时，外部鳞片开始脱落，嫩绿色的新叶即将展开，待温度进一步升高即进行展叶开花，继续下一年的分化发育。

2. 雄花分化 核桃雄花分化是随着当年新梢的生长和叶片展开，于 4 月下旬至 5 月上旬在叶腋间形成的。6 月上中旬继续生长，形成小花苞和花被原始体。6 月中旬至下一年 3 月份为休眠期。4 月份继续发育生长并伸长为柔荑花序，散粉前 10～14 天形成花粉粒。雄花分化一般需要 12 个月。

二、核桃的修剪时期及方法

(一)适宜的修剪时期

核桃的修剪可分为生长季修剪和休眠期修剪。在国内为了避开农忙季节，核桃修剪基本在休眠期。欧美等发达国家核桃的修剪也主要在冬季休眠期进行。在核桃树休眠期修剪有伤流，这有别于其他果树。长期以来，为了避免伤流损失树体营养，核桃树的修剪多在春季萌芽后(春剪)和采收后至落叶前(秋剪)进行。但是，多年的实践经验表明，核桃冬剪不仅对生长和结果没有不良影响，而且在新梢生长量、坐果率和树体营养等方面的效果，都优于春、秋剪。在休眠期修剪，主要是水分和少量矿质影响的损失；秋剪则有光合作用和叶片营养尚未回流的损失；春剪有呼吸消耗和新器官形成的损失。相比之下，春剪营养损失最多，秋剪次之，休眠期修剪损失最少。

另一方面，从伤流发生的情况看，只要在休眠期造成伤口，就一直有伤流,直至萌芽展叶为止。核桃休眠期(冬剪)伤流有两个高峰,主峰出现在 11 月中下旬,次峰出现在 4 月上旬。因此,就休眠期修剪而言,以避开前一伤流高峰期(11 月中下旬至翌年 1、2 月上旬)为宜,最好在核桃 3 月下旬芽萌动前完成。

1. 夏剪　夏剪是在核桃树发芽后,枝叶生长时期所进行的修剪,其措施有疏除二次枝、摘心、抹芽等。

(1)疏除　以避免由于二次枝的旺盛生长而过早郁闭。方法是在二次枝抽生后未木质化之前,将无用的二次枝从基部剪除。剪除对象主要是生长过旺造成树冠出"辫子"的二次枝。凡在一个结果枝上,抽生 3 个以上的二次枝,可在早期选留 1～2 个健壮枝,其余全部疏除。

(2)摘心　在夏季,对于选留的二次枝,如果生长过旺,为了促进其木质化,控制器官向外延伸,可进行摘心。

2. 秋剪　根据核桃树的枝条、芽的生长习性,在核桃采收后,树落叶前,应进行以下修剪:

(1)修剪背上枝、背下枝　背上枝作主枝延长头时,要使主枝头高于侧枝,主枝长势要强于侧枝;背下枝一般应及时疏除。

(2)增加枝量、培养结果枝组　用短截方法增加枝量;用缓放方法在主、侧枝的两侧,培养健壮的大、中型结果枝组。短截枝条时,留下的枝段要短,以防止枝条发生光秃段;对于老结果枝要及时回缩;利用休眠芽抽生的枝条,更新树冠。

(3)改善树冠内膛光照　对于在树冠内膛生长的密生枝、重叠枝及树冠外围生长的竞争枝、交叉枝,要适当回缩或间疏。

3. 冬剪　冬季主要是修剪大枝,疏除过密枝、病虫枝、遮光枝和背后枝,回缩下垂枝。宜在萌芽前修剪完毕。

(1)疏除过密枝　早实核桃枝量大,易造成树冠内膛枝多、密度过大,不利于通风透光。因此,应按照"去强留弱"的原则,及时疏除过密的枝条。其具体的方法是:紧贴枝条基部剪除,切不可留橛,以利伤口愈合。

(2)处理好背下枝节 背下枝多着生在母枝先端背下,春季萌发早,生长旺盛,竞争力强,容易使原枝头变弱,而形成"倒拉"现象,甚至造成原枝头枯死。其处理方法:在萌芽后或枝条伸长初期剪除,如原母枝变弱或分枝角度过小,可利用背下枝或斜上枝代替原枝头,将原枝头剪除或培养成结果枝组;如果背下枝生长势中等,并已形成混合芽,则可保留其结果;如果背下枝生长健壮,结果后可在适当分枝处回缩,培养成小型结果枝组。

(二)整形修剪的主要方法

1. 短截 短截是指剪去一年生枝条的一部分。短截的对象是从一级和二级侧枝上抽生的生长旺盛的发育枝,剪掉程度为 1/4～1/2,短截后一般可萌发 3 个左右较长的枝条。在核桃树上,中等长枝或弱枝不宜短截,否则刺激下部发出细弱短枝,髓心较大,组织不充实,冬季易发生日灼,而干枯,影响树势。

2. 疏枝 将枝条从基部疏除叫疏枝。疏除对象一般为雄花枝、病虫枝、干枯枝、无用的徒长枝、过密的交叉枝和重叠枝等。当树冠内部枝条密度过大时,及时疏除过密枝,以利于通风透光。疏枝时,应紧贴枝条基部剪除,切不可留橛,以利剪口愈合。

3. 缓放 缓放也是修剪的一种手法,即抛放不剪截,任枝上的芽自由萌发。其作用是缓和生长势,增加中短枝数量,有利于营养物质的积累,促进幼旺树结果。除背上直立旺枝不宜缓放外,其余枝条缓放效果均较好。

4. 回缩 对多年生枝剪截叫回缩,这是核桃修剪中最常用的一种方法。回缩的作用因回缩的部位不同而异:一是复壮作用,二是抑制作用。生产中复壮作用的运用有两个方面;一是局部复壮,例如回缩更新结果枝组,多年生冗长下垂的缓放枝等;二是全树复壮,主要是衰老树回缩更新。生产中运用抑制作用主要控制旺树辅养枝、抑制树势不平衡中的强壮骨干枝等。

5. 摘心 生长季摘除当年生枝条先端一部分,叫摘心。摘心有利于控制一年生枝条的生长,可充实枝条,有利于枝条越冬。对早实核桃树摘心,有利于侧芽成花。

6. 抹芽 抹芽,是指在核桃树春季萌芽后,将不适宜的萌芽抹掉,减少无效消耗。它有利于枝条的生长发育。

三、核桃树形及其整形技术

(一)主干分层形

1. 树形特点 有明显的中心干,干高 0.8～1.2 米,平原地干高可为 1.2～1.5 米。中心干上着生主枝 5～7 个,分为 2～3 层。第一层 3 大主枝,层内距 20～40 厘米(主枝要邻近形,不要邻接,防止"掐脖"现象)主枝基角为 70°,每个主枝上有 3～4 个一级侧枝。第二层 2 大主枝,第三层 1 个主枝。第一至第二层主枝相距80～120 厘米,树高 5～6 米。此树形适于稀植大冠晚实品种和果粮间作栽培方式。成形后,树冠为半圆形,枝条多,结果面积大,通风透光良好,产量高,寿命长。缺点是结果稍晚,前期产量低。

2. 树形的培养(图 5-1)

(1)定干选留方法 定干当年或第二年,在主干定干高度以上,选留三个不同方位、水平夹角约 120°、且生长健壮的枝或已萌发的壮芽培养为第一层主枝,层内距离大于 20 厘米。1～2 年完成选定第一层主枝。如果选留的最上一个主干距主干延长枝顶部接近或第一层主枝的层内距过小,都容易削弱中间主干的生长,甚至出现"掐脖"现象,影响主干的形成。当第一层预选为主枝的枝或芽确定后,只保留中间主干延长枝的顶枝或芽,其余枝、芽全部剪除或抹掉。

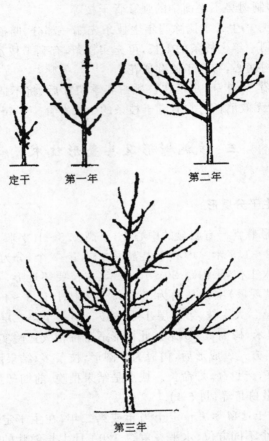

图 5-1　主干分层形整形过程

(2)一二层主枝选留方法　早实核桃一、二层的层间距为60～80 厘米。在一、二层间距以上已有壮枝时,可选留第二层主枝,一般为 1～2 个。同时,可在第一层主枝上选留侧枝,第一个侧枝距主枝基部的长度为 40～60 厘米。选留主枝两侧向斜上方生长的枝条 1～2 个作为一级侧枝,各主枝间的侧枝方向要互相错落,避免交叉,重叠。

(3)各层侧枝选留方法　继续培养第一层主、侧枝和选留第二层主枝上的侧枝。由于第二层与第三层之间的层间距要求大一些,可延迟选留第二层主枝。如果只留两层主枝,第二层主枝为 2～3 个,两层的层间距,早实核桃 1.5 米左右,并在第二层主枝上方适当部位落头开心。

(4)继续培养各层主枝上的各级侧枝　晚实核桃和早实核桃幼树 7～8 年生时,开始选留第三层主枝 1～2 个,第二层与第三层的层间距,早实核桃 1.5 米左右,并从最上一个主枝的上方落头开心。至此,主干形树冠骨架基本形成。

(二)自然开心形

1. 树形特点　自然开心形核桃树的特点是:干高 0.8～1.2 米(平原地区干高可为 1.2～1.5 米)。无明显的中心主干,不分层次,一般都有 2～4 个主枝。树形成形快,结果早,整形容易,便于掌握。此形适于土层较薄,土质较差,肥水条件不良的地区和树形开张、干性较弱和密植栽培的早实品种。自然开心不分层次,可留 2～4 个主枝,每个主枝选留斜生侧枝 2～3 个(图 5-2)。

2. 树形的培养

第一,在定干高度以下留出 3～4 个芽的整形带。在整形带内,按不同方位选留 2～4 个枝条或已萌发的壮芽作为主枝。各主枝基部的垂直距离无严格要求,一般为 20～40 厘米。主枝可 1～2 次选留。选留各主枝的水平距离应一致或相近,并保持每个主枝的长势均衡。

第二,各主枝选定后,开始选留一级侧枝,由于开心形树形主枝少,侧枝应适当多留,即每个主枝应留侧枝 3～4 个。各主枝上的侧枝要上下错落,均匀分布。第一侧枝距主干的距离为早实核

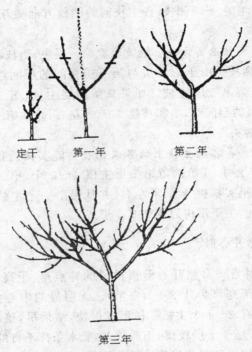

图 5-2 开心形整形过程

桃 0.5～0.7 米。

第三,早实核桃五年生,开始在第一主枝一级侧枝上选留二级侧枝 1～2 个,第二主枝的一级侧枝 2～3 个。第二主枝上的侧枝与第一主枝上的侧枝的间距为 0.8～1.0 米。至此,开心形的树冠骨架基本形成。

(三)主 干 形

1. 树形特点 主干形就是使一株树上只保留 1 个直立的中心干为永久主枝(图 5-3)。干高 0.6～0.8 米,在该主枝上所分布的侧枝横向生长,全部为临时性结果枝。树体形成后,其高度为 3 米左右,冠幅保持在 2 米以上,树体紧凑,十分适合高密度栽培,为核桃树早丰、易管的新树形。

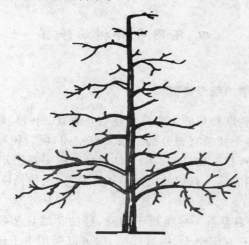

图 5-3　主干形树形

2. 树形培养

第一,当核桃苗定植主干超过 1.0 米后,在 1.0 米处定干。下部选适当位置培养 3 个新梢主枝,其余新梢通过多次摘心控长,多留枝叶养树,以后疏除。

第二,主枝延长梢每 30～35 厘米摘心 1 次,对其分枝于 30 厘米处摘心,培养枝组,其上再发枝,留 25～30 厘米摘心,培养结果枝。主干上距第三主枝 60～80 厘米处选适当方位新梢作第四、五主枝,向上隔 25～35 厘米再选留 1～3 个小主枝或中枝组,并去除多余新梢,枝条稀少处留 25～35 厘米摘心培养枝组。

第三,根据树形和群体结构要求,随时对方位、角度不当的各类枝,通过修剪和拿枝、拉枝、扭枝等方法调整,使之分布合理。随着树体生长，一般每隔 15～20 天，对枝条调整 1 次，直至停长。进行定枝修剪时，疏细弱枝、密生枝、直立强旺枝和徒长枝缩剪或疏除，每株留 100～150 个新梢，其中优质结果枝应在 50% 以上。

四、不同年龄树的修剪

(一)幼树的整形修剪

　　核桃幼树期修剪的主要目的是培养适宜的树形，调节主、侧枝的分布，使各个枝条有充分的生长发育空间，促进树冠形成，为早果、丰产、稳产打下良好的基础。幼树修剪的主要任务包括定干和主、侧枝的培养等。修剪的关键是做好发育枝、徒长枝和二次枝等的处理工作。

　　1. 幼树的整形　核桃树干性强，芽的顶端优势特别明显，顶芽发育比侧芽充实肥大，树冠层明显，可以采用主干疏层形、自然开心形和主干形，应根据品种、地形和栽植密度来确定。

　　(1)定干　树干的高低应该根据品种、地形、栽培管理方法和间作与否来确定。晚实核桃树结果晚、树体高大，主干应留得高一些，在 1.5～2.0 米。如果株行距较大，长期进行间作，为了便于作业，干高可留在 2.0 米以上；如考虑到果材兼用，提高干材的利用率，干高可达 3.0 米以上；早实核桃由于结果早，树体较小，干高可留得矮一些；拟进行短期间作的核桃园，干高可留1.2～1.5米；早期密植丰产园干高可定为 0.8～1.2 米。

　　(2)树形的培养　核桃树可以采用主干分层形、自然开心形和主干形，树形可根据品种、地形和栽植密度来确定。具体的整形方法请参照本章第三部分。

　　2. 幼树的修剪　幼龄树的修剪是在整形的基础上，继续培养和维持良好的树形，保持丰产的重要措施。对 3～4 年生以前的幼树,原则上多留枝少短截,只对影响中央干生长的竞争枝进行剪除。当苗干达到一定高度时,可按树形要求,进行修剪,促使在一定的部位分生主枝,形成丰产树形。在幼树时期,应及时控制背后枝、过密枝和徒长枝,增强主枝。对幼树的非骨干枝、强枝和徒长枝要及时疏除,以防与主枝竞争

(1)主枝和中间主干的处理　主枝和侧枝延长头,为防止出现光秃带和促进树冠扩大,可每年适当截留 60～80 厘米,剪口芽可留背上芽或侧芽。中间主干应根据整形的需要每年短截,剪口留在饱满芽的上方,这样可以刺激中间主干翌年的萌发,使其保持领导地位。

(2)处理好背下枝　核桃背下枝春季萌发早,生长旺盛,竞争力强,容易使原枝头变弱而形成"倒拉"现象,如不加以控制,会影响枝头的发育,甚至造成原枝头枯死,导致树形紊乱。背后枝处理方法可根据具体情况而定。如果原母枝变弱或分枝角度较小,可利用背下枝或斜上枝代替原枝头,将原枝头剪除或培养成结果枝组;如果背下枝生长势中等,则可保留其结果;如果背下枝生长健壮,结果后可在适当分枝处回缩,将其培养成小型结果枝;如果背后枝已经影响上部枝条的生长,应疏除或回缩背后枝,抬高枝头,促进上部枝的发育。

(3)疏除过密枝　早实核桃分枝早,枝量大,容易造成树冠内部的枝条密度过大,不利于通风透光。因此,对树冠内各类枝条,修剪时应去强去弱留中庸枝。疏枝时,应紧贴枝条基部剪除,切不可留橛,以防止抽生徒长枝,并利于剪口的愈合。

(4)徒长枝的利用　早实核桃结果早,果枝率高,坐果率高,造成养分的过度消耗,枝条容易干枯,从而刺激基部的隐芽萌发而形成徒长枝。早实核桃徒长枝的突出特点是第二年都能抽枝结果,果枝率高。这些结果枝的长势,由顶部至基部逐渐变弱,中、下部的小枝结果后第三年多数干枯死亡,出现光秃带,造成结果部位外

移,容易造成枝条下垂。为了克服这种弊病,利用徒长枝粗壮、结果早的特点,通过短截,或者夏季摘心等方法,将其培养成结果枝组,以充实树冠空间,更新衰弱的结果枝组。但是在枝量大的部位如果不及时控制,会扰乱树形,影响通风透光。这时应该从基部疏除。

(5)控制和利用二次枝　早实核桃具有分枝能力强,易抽生二次枝等特点。分枝能力强是早果、丰产的基础,对提高产量非常有利。但是,早实核桃二次枝抽生晚,生长旺,组织不充实,在北方冬季易发生失水、抽条现象,导致母枝内堂光秃,结果部位外移。因此,如何控制和利用二次枝是一项非常重要的内容。对二次枝的处理方法有如下几种:第一种,若二次枝生长过旺,对其余枝生长构成威胁时,可在其未木质化之前,从基部剪除;第二种,凡在一个结果枝上抽生 3 个以上的二次枝,可选留早期的 1～2 个健壮枝,其余全部疏除;第三种,在夏季,对选留的二次枝,若生长过旺,可进行摘心,以促其尽早木质化,并控制其向外伸展;第四种,如果一个结果枝只抽生 1 个二次枝,且长势较强,可于春季或夏季对其实行短截,以促发分枝,并培养成结果枝组。春、夏季短截效果不同,夏季短截的分枝数量多,春季短截的发枝粗壮。短截强度以中、轻度为宜。

(6)短截发育枝　晚实核桃实分枝能力差,枝条较少,常用短截发育枝的方法增加枝量。早实核桃通过短截,可有效增加枝条数量,加快整形过程。短截对象是从一级和二级侧枝上抽生的生长旺盛的发育枝,作用是促进新梢生长,增加分枝,但短截数量不宜过多,一般占总枝量的 1/3 左右,并使短截的枝条在树冠内部均匀分布。短截根据程度可分为轻短截(剪去枝条的 1/3 左右)、中短截(剪去枝条的 1/2 左右)和重短截(剪去枝条的 2/3 以上)。一般不采用重短截。剪截长为枝长的 1/4～1/2,短截后一般可萌发 3 个左右较长的枝条。通过短截,改变了剪口芽的顶端优势,剪口部位新梢生长旺盛,能促进分枝,提高成枝力。对核桃树上中等长枝或弱枝不宜短截,否则刺激下部发出细弱短枝,组织不充实,冬季易发生日灼而干枯,影响树势。

(二)成年树的修剪

核桃树刚进入成年期,树形已基本形成,产量逐年增加,其主要修剪任务是:继续进行主、侧枝的培养,充分利用辅养枝早期结果,积极培养结果枝组,尽量扩大结果部位,为初果期向盛果期的转变做好准备。

1. 结果初期树的修剪 结果初期是指从开始结果到大量结果前的一段时间。早实核桃 2~4 年进入结果初期,晚实核桃 5~6 年进入结果初期。初果树的修剪是继续培养好各级主干枝,充分利用辅养枝早期结果,调节各级主侧枝的主从关系,平衡树势,积极培养结果枝组,增加结果部位。修剪时应去强留弱,或先放后缩,放缩结合,防止结果部位外移。对已影响主侧枝的辅养枝,可以缩代疏或逐渐疏除,给主侧枝让路。对徒长枝,可采用留、疏、改相结合的方法加以处理。对早实核桃二次枝,可用摘心和短截的方法促其形成结果枝组,对过密的二次枝则去弱留强。同时应注意疏除干枯枝、病虫枝、过密枝、重叠枝和细弱枝。

(1)控制二次枝 二次枝抽生晚,生长旺,组织不充实,二次枝过多时,消耗养分多,不利于结果。控制的方法与幼树二次枝的修剪方法基本相同。

(2)利用徒长枝及旺盛营养枝 早生核桃由于结果早,果枝率高,消耗养分多而无法抽生新枝,但基部易萌发徒长枝,这种徒长枝的特点是第二年也能抽生 7~15 个结果枝,要充分利用,但抽生的结果枝由上而下生长势逐渐减弱、变短,第三年中、下部的小果枝多干枯脱落,出现光秃节,致使结果部位外移。因此,对徒长枝可采取抑前促后的办法,即春季发芽后短截或春季摘心,即可培养成结果枝组以便得到充分利用。对直径 3 厘米左右的旺盛的营养枝,于发芽前后拉成水平状,可增加果枝量。

(3)短截发育枝　即对较旺的发育枝进行短截,促进多分枝,但短截数量不宜过多,一般每棵树短截枝的数量占总枝量的 1/3 左右。短截可根据枝条的发育状况而定。长枝中截剪去 1/2,较短枝轻截截去 1/3,一般不采用重截。

(4)培养结果枝组　结果初期应该加强结果枝组的培养,扩大结果部位。培养结果枝组的原则是大、中、小配备适当,分布均匀。培养的途径,除对骨干枝上的大、中型辅养枝除短截一部分外,对部分直立旺长的枝采取拉平缓放、夏季摘心等方法,促生分枝,形成结果枝组。对树冠内的健壮发育枝,可去直立留平斜,先放后缩培养成中、小型结果枝组,达到尽快扩大结果部位,提高产量之目的。

2. 盛果期的修剪　核桃进入结果盛期,树冠仍在继续扩大,结果部位不断增加,容易出现生长与结果之间的矛盾,有些还会出现郁闭和"大小年"的现象,这一时期保障核桃高产稳产是修剪的主要任务。此时修剪以"保果增产,延长盛果期"为主。对冠内外密生的细弱枝、干枯枝、重叠枝、下垂枝、病虫枝要从基部剪除,改善通风和光照条件,促生健壮的结果母枝和发育枝。对内膛抽生的健壮枝条应适当控制保留,以利内膛结果。对过密大枝,要逐年疏除或回缩,剪时伤口削平,以促进其良好愈合。因此,在修剪上应注意培养良好的结果枝组,利用好辅养枝和徒长枝,及时处理背后枝与下垂枝。

(1)调整骨干枝和外围枝　核桃树进入盛果期后,由于树体结构已经基本形成,树冠扩大明显减缓,开始大量结果,大、中型骨干枝常出现密集和前部下垂现象。尤其是晚实核桃,由于腋花芽结果较少,结果部位主要在枝条先端,随着结果量的逐渐增多,特别是在丰产年份,大中型骨干枝常出现下垂现象,外围枝伸展过长,下垂得更严重。因此,此期对骨干枝和外围枝的修剪要点是及时回缩过弱的骨干枝,回缩部位可在向斜上生长侧枝的前部。按去弱留强的原则疏除过密的外围枝,对有可利用空间的外围枝,可适当短截,从而改善树冠的通风透光条件,促进保留枝芽的健康生长。

(2)结果枝组的培养与更新　加强结果枝组的培养,扩大结果部位,防止结果部位外移是保证盛果期核桃园丰产稳产的重要措施,特别是晚实核桃,结果枝组的培养尤为重要。

培养结果枝组的原则是大、中、小配置适当,均匀地分布在各级主、侧枝上,在树冠内的总体分布是里大外小,下多上少,使内部不空,外部不密,通透良好,枝组间保持 0.6～1.0 米的距离。

培养结果枝组的途径主要有三条:① 对着生在骨干枝上的大、中型辅养枝,经回缩改造成大、中型结果枝组;② 对树冠内的健壮发育枝,采用去直立留平斜,先放后缩的方法培养成中、小型结果枝组;③ 对部分留用的徒长枝,应首先开张角度,控制旺长,配合夏季摘心和秋季于"盲节"处短截,促生分枝,形成结果枝组。

结果枝组经多年结果后,会逐渐衰弱,应及时更新复壮。其方法有:① 对 2～3 年生的小型结果枝组,可视树冠内的可利用空间情况,按去弱留强的原则,疏除一些弱小或结果不良的枝条;② 对于中型结果枝组,可及时回缩更新,使其内部交替结果,同时控制枝组内旺枝;③ 对大型结果枝组,应注意控制其高度和长度,以防"树上长树",如属于已无延长能力或下部枝条过弱的大型枝组,则应进行回缩修剪,以保证其下部中、小型枝组的正常生长结果。

(3)辅养枝的利用与修剪　辅养枝是指着生于骨干枝上,不属于所留分枝级次的辅助性枝条。这些枝条多数是在幼树期为加大叶面积和充分占有空间,提早结果而保留下来的,属临时性枝条。对其修剪的要点为当与骨干枝不发生矛盾时可保留不动,如果影响主、侧枝的生长,就应及时去除或回缩。辅养枝应小且短于邻近的主侧枝,当其过旺时,应去强留弱或回缩到弱分枝处。对长势中等,分枝良好,又有可利用空间者,可剪去枝头,将其改造成结果枝组。

(4)徒长枝的利用和修剪 成年树随着树龄和结果量的增加,外围枝长势变弱,加之修剪和病虫危害等原因,易造成内膛骨干枝上的潜伏芽萌发,形成徒长枝,早实核桃更易发生。处理方法可视树势及内膛枝条的分布情况而定。如内膛枝条较多,结果枝组又生长正常,可从基部疏除徒长枝,如内膛有空间,或其附近结果枝组已衰弱,则可利用徒长枝培养成结果枝组,促成结果枝组及时更新。尤其在盛果末期,树势逐渐衰弱,产量开始下降,枯枝增多,更应注意对徒长枝的选留与利用。

(5)背下枝的处理 核桃树倾斜着生的骨干枝的背下枝,其生长势多强于原骨干枝,形成"倒流水"现象,这是核桃区别于其他果树的特点之一,也称之为核桃的背下优势。如果不及时处理核桃的背下枝,往往造成"主""仆"关系颠倒,严重的造成原枝头枯死。对背下枝的修剪方法是:

对骨干枝抽生的背下枝,要及时疏除,而且越早越好,宜早不宜迟,以防影响骨干枝的生长。

如果背下枝生长势强于原枝头,方向角度又合适,可用背下枝取代原枝头;如果背下枝角度过大,方向不理想,可疏除背下枝,保留原枝头。

如果背下枝与原枝头长势相差不大,应及早疏除背下枝,保留原枝头。

背下枝较弱的,可先放后回缩,培养成结果枝组。

原枝头已经变弱,则可用背下枝换头,将原枝头剪除;如果有空间也可把原枝头培养成结果枝组,但必须注意抬高背后枝头的角度,以防下垂。

(6)清理无用枝条　应及时把长度在 6 厘米以下,粗度不足 0.8 厘米的细弱枝条疏除。原因是这类枝条坐果率极低。内膛过密、重叠、交叉、病虫枝和干枯枝等也应剪除,以减少不必要的养分消耗和改善树冠内部的通风透光条件。

此外,对早实核桃的二次枝处理方法基本上同幼龄阶段,只是要特别强调防止结果部位的迅速外移,对外围生长旺的二次枝应及时短截或疏除。

(三)衰老树的修剪

核桃树寿命长,在良好的环境和栽培管理条件下,生长结果可达上百年甚至数百年。在管理粗放的条件下,早实核桃 40～60 年、晚实核桃 80～100 年就进入衰老期。当核桃树的长势衰退时,应有计划地重剪更新,以恢复树势,延长结果年限。方法是:着重对多年生枝进行回缩修剪,在回缩处选留 1 个辅养枝,促进伤口愈合和隐芽萌芽,使其成为强壮新枝,复壮树势;对过于衰弱的老树,可逐年进行对多年生骨干枝的更新,利用隐芽萌发强壮的徒长枝,重新形成树冠,使树体生长健旺;修剪同时,与施肥、浇水、防治病虫害等管理结合起来,效果就更好

1. 主干更新　又叫大更新,即将主枝全部锯掉,使其重新发枝并形成主枝。这种更新修剪量大,树势恢复慢,对产量影响也大,是在不得已的情况下进行的挽救措施。具体做法有两种:

一种是对主干过高的植株,可从主干的适当部位,将树冠全部锯掉,使锯口下的潜伏芽萌发新枝。核桃树潜伏芽的寿命较长,数量较多,回缩后,潜伏芽容易萌发成枝,然后从新枝中选留位置适宜、生长健壮的 2～4 个枝,培养成主枝。

另一种是对主干高度适宜的开心形植株,可在每个主枝的基部将其锯掉。如系主干形植株,可先从第一层主枝的上部锯掉树冠,再从各主枝的基部锯掉,使主枝基部的潜伏芽萌芽发枝。

2. 主枝更新 也叫中度更新,即在主枝的适当部位进行回缩,使其形成新的侧枝。具体做法:选择健壮的主枝,保留 50～100 厘米长,将其余部分锯掉,使其在主枝锯口附近发枝。发枝后,在每个主枝上选留位置适宜的 2～3 个健壮的枝条,将其培养成一级侧枝。

3. 枝组更新 对衰弱明显的大、中型结果枝组,进行重回缩,短截到健壮分枝处,促其发生新枝;小型枝组去弱留壮、去老留新;树冠内出现的健壮枝和徒长枝,尽量保留培养成各类枝组,以代替老枝组。另外应疏去多余的雄花序,以节约养分,增强树势。

4. 侧枝更新 也叫小更新,即将一级侧枝在适当的部位进行回缩,使之形成新的二级侧枝。这种更新方法的优点主要是新树冠形成和产量增加均较快。具体做法:在计划保留的每个主枝上,选择 2～3 个位置适宜的侧枝,在每个侧枝中下部长有强旺分枝的前端或上部剪截。对枯梢枝要重剪,促其从下部或基部发枝,以代替原枝头。疏除所有的枯枝、病枝、单轴延长枝和下垂枝。

对更新的核桃树,必须加强土、肥、水和病虫害防治等综合管理,以防止当年发不出新枝,造成更新失败。

(四)放任树的修剪

核桃放任树是指管理粗放、很少修剪的树。目前,我国放任生长的核桃树仍占相当大的比例。这类树的特点:枝干直立生长,侧生分枝少,枝条分布不合理,多交叉重叠,且长势弱,层次不清,枝条紊乱,从属关系不明;主枝多轮生、叠生、并生,"掐脖"现象严重;内膛郁闭,由于主枝延伸过长,先端密挤,基部秃裸,造成树冠郁闭,通风透光不良,内膛空虚,结果部位外移;结果枝细弱,落果严重,坐果率一般只有 20%,且品质差;衰老树外围"焦梢",结果能力低,甚至不能形成花芽;从大枝的中下部萌生大量徒长枝,形成自然更新,重新构成树冠。放任树的改造要区分幼树和大树:对一部分幼旺树可通过高接换优的方法加以改造；对大部分进入盛果期的核桃大树，在加强地下管理的同时可进行修剪改造，以迅速提高核桃的产量、品质。

1. 树形改造 根据核桃树生长特点，一般可改造为主干分层形、自然开心形或主干形等，要灵活掌握，因树造型，以达到尽早结果的目的。如果中间主干明显，可改造成主干分层形或主干形；如果中间主干已很衰弱或无中间主干的，可改造成自然开心形。

2. 因树修剪 衰老树修剪时，首先疏除多年生密挤大枝，去弱枝留壮枝；其次，疏除所有干枯病虫枝，回缩下垂枝，收缩树冠，充分利用旺枝、壮枝，更新复壮树势。旺树修剪时，首先应注意对全树统一安排，除去无效枝，达到通风透光（调整配备好骨干枝，使枝条营养集中，健壮充实，提前形成混合芽）；其次要保护内膛斜生枝和外围已形成混合芽的枝条，采用一放、二放（待分枝后，回缩到分枝处）、三回缩的方法，促使形成结果枝组。

3. 大枝的选留 大枝过多一般是放任树生长的主要原因，应解决主要矛盾，因树造型，按主干分层形或自然开心形的标准选留5～7个主枝，第一层要根据生长方向，选 3～4 个主枝，重点疏除密挤的重叠枝，并生枝、交叉枝和病虫危害枝。为避免一次疏除大枝过多，可以对一部分交叉重叠的大枝先行回缩，分年处理。

有些生长直立、主从不分、主枝过多的品种，如'新丰''纸皮'等，每年趋向于极性生长，下部枝条大量枯死，各级延长头过强过旺形成抱握生长态势，较难处理。对这种树，疏除多余大枝，消除竞争，对各级主枝延长头的处理分级次处理，还要分年度，不可过重，以免内膛太空或内膛枝徒长；并要结合夏季修剪，去除剪口和锯口部位萌发的直立枝条，以促进下部枝条生长，均衡营养，逐步复壮。

还有些品种，中干明显，主枝级次较乱，树冠开张（如'新光''扎 343'等），由于体现了中干优势，易形成上强下弱，下部主枝衰弱甚至枯死,内膛郁闭,造成大量结果枝枯死,结果部位外移,主枝顶端因结果而下垂衰弱,背上枝形成重叠,严重影响负载量。对于这类树的修剪,应视情况落头,对中型枝组要根据生长空间选留一定数量的侧枝,多余的要进行疏除、回缩,对于各级主枝要疏除下垂衰弱枝组,选健壮枝组留头,背上着生的大枝组和 1 年生直立枝条要疏除,使逐步恢复生长势。对于结果枝组要选留生长健壮、着生位置好的枝条,疏除衰弱枝以培养稳定健壮的结果枝组。

4. 外围枝条的调整　对于冗长细弱的下垂枝,必须适时回缩,抬高角度。衰老树的外围枝大部分是中短果枝和雄花枝,应适当回缩,用粗壮的枝带头。

5. 结果枝组的培养和更新　对侧斜生枝及无二次生长的粗壮枝,多采用先放后缩或先缩后放的方法,培养结果枝组;处理好过密枝、瘦弱枝、背后枝、背上直立枝,使整个枝组形成大、中、小配备,粗壮、短而结果紧凑的枝组。结果枝组的更新复壮,一般采用压前促后,缩短枝量,增加分枝级数,本着去弱留壮疏除干枯枝,减少消耗,集中营养的方法,促使其更新复壮,保持健壮结果枝组。

以上修剪量应根据立地条件、树龄、树势、枝量多少灵活掌握,各大中小枝的处理也必须全盘考虑,做到因树修剪,随枝做形。另外,应与加强土肥水管理结合,否则,难以收到良好的效果。

五、早实和晚实核桃修剪特点

(一)早实核桃修剪特点

早实核桃嫁接当年或第二年基本都能开花,比晚实核桃提早结果 3～5 年。早实核桃的花枝率极高,萌芽力、成枝力都较晚实核桃品种强,如不及时合理地修剪,极易造成树形紊乱,结果部位外移,既影响核桃产量,又影响其质量。

鉴于早实核桃的生长发育特性,拟在幼树阶段培养良好的树形和牢固的骨架,就需用修剪手段来调整扩大树冠与结果的关系,达到既丰产又稳产的目的。所以,在幼树阶段应本着以养树为主的原则,在保证不断扩展树冠的前提下逐年增加产量。其整形修剪措施如下:

1. 抹芽 为了集中养分,促进当年高生长,定植当年对幼树进行抹芽,即保留顶部的健壮芽,其余抹掉。

2. 定干 矮化密植园一般定干高度 0.5 米左右,立地条件好的可定 0.8～1.2 米。乔化稀植园一般定干高度 1.2～1.5 米左右。以自然开心形为主,保留 2～3 个主枝,在剪截定干时,按不同方位选 3～4 个健壮的芽,其余的芽抹掉,一般在萌芽后进行。

3. 背下枝的修剪处理 核桃背下枝是指从主侧枝和各级分枝的背下芽抽生的一种竞争力很强的枝条,这种枝常易徒长、下垂,如不及时修剪处理,极易使主侧枝角度加大,产生"倒拉"现象,2～3 年便使上部枝条生长减弱或枯死,是造成树形紊乱的特殊枝。在树冠下部,主侧枝背下抽生的竞争枝一律从基部剪除,以保持正常树形。在树冠中、上部,主侧枝抽生的背下枝为了开张主侧枝的角度可以短截或保留。

4. 二次枝的修剪处理 由于早实核桃具有抽生二次枝特性,修剪时也应重视二次枝抽生得晚,生长快,枝条往往不充实,寒冷地区易出现抽条等现象。修剪要去弱留强扩大树冠,对直立过旺的二次枝,长到 30～50 厘米时应摘心或短截($1/3～1/2$),促进分枝,增加结果部位。对内膛抽生的二次枝,有生长空间的短截 $1/3$ 以上,无生长空间的从根部剪除。

5. 徒长枝的修剪 潜伏芽受到刺激后萌发徒长枝,早实核桃萌发的徒长枝第二年均能大量结果,是更新结果枝组的极好枝条,应根据树形和生长空间来调整需求,疏除、短截或长放徒长枝。早实核桃连续结果 2 年后(特别是肥水条件差的地方),结果母枝很易衰老,甚至死亡,因此对 2～3 年连续结果的母枝,要及早回缩到基部潜伏芽处,这样可促使抽生较长的徒长枝,当年可形成混合芽,再经轻度短截后,又可发生 3～4 个结果母枝,形成新的结果枝组。

6. 疏除细弱无效枝 早实核桃侧生枝结果率高,为节约营养,应及时把长度在 6 厘米以下,粗度不足 0.8 厘米的细弱枝疏掉,要剪除内膛过密、重叠、交叉、干枯、病虫枝,减少弱芽弱枝的营养消耗。

7. 早实核桃的极度更新 对严重衰老树,除积极培肥地力外,要采取极度更新的办法,选择有生命力的地方一次性剪截至主侧枝的基部,促其重发新枝,达到早期更新,恢复树势的目的。

(二)晚实核桃修剪特点

晚实核桃结实晚,晚实核桃为 5～6 年,树体高大,定干可高些,为 1.5～3.0 米。山地或园片式栽培为 1.5～2.0 米左右,如为了提高干材利用率,干高可定为 3.0 米左右。晚实核桃分枝能力差,枝条较少,常用短截发育枝的方法增加枝量。

1. 幼树 充分利用顶端优势,采用高截、低留的定干整形法,即达到定干高度时剪截,低时留下顶芽,待到高度时采用破顶芽或短截手法,促使幼树多发枝,加快分枝级数,扩大营养面积。在5～6 年内选留出各级主侧枝,尽快形成骨架,为丰产打下坚实的基础,达到早成形、早结果之目的。

2. 初果期树 此期树体结构初步形成,应保持树势平衡,疏除改造直立向上的徒长枝,疏间外围的密挤枝及节间长的无效枝,保留充足的有效枝量(粗、短、壮),控制强枝向缓势发展(夏、秋拿、拉、换头等措施),充分利用一切可以利用的结果枝(包括下垂枝),达到早结果、早丰产之目的。

（1）短截发育枝　晚实核桃分枝能力差，枝条较少，常用短截发育枝的方法增加枝量。对从一级和二级侧枝上抽生的生长旺盛的发育枝进行短截，促进新梢生长，增加分枝。剪截长为枝长的 $1/4\sim1/2$，短截后一般可萌发 3 个左右较长的枝条。通过短截，改变了剪口芽的顶端优势，剪口部位新梢生长旺盛，能促进分枝，提高成枝力。对核桃树上中等长枝或弱枝不宜短截，否则刺激下部发出细弱短枝，组织不充实，冬季易发生"日灼"而干枯，影响树势。

（2）利用徒长枝及旺盛营养枝　早生核桃由于结果早，果枝率高，消耗养分多而无法抽生新枝，但基部易萌发徒长枝。这种徒长枝的特点是第二年也能抽生 $7\sim15$ 个结果枝，要充分利用。但是，抽生的结果枝由上而下生长势逐渐减弱、变短，第三年中、下部的小果枝多干枯脱落，出现光秃节，致使结果部位外移。因此，对徒长枝可采取抑前促后的办法。即春季发芽后短截或春季摘心，即可培养成结果枝组以便得到充分利用。对直径 3 厘米左右的旺盛的营养枝，于发芽前后拉成水平状，可增加果枝量。

（3）培养结果枝组　结果过初期应该加强结果枝组的培养，扩大结果部位。培养结果枝组的原则是大、中、小配备适当，分布均匀。培养的途径：对骨干枝上的大、中型辅养枝短截一部，对部分直立旺长的枝采取拉平缓放、夏季摘心等方法，促生分枝，形成结果枝组。对树冠内的健壮发育枝，可去直立留平斜，先放后缩培养成中、小型结果枝组，达到尽快扩大结果部位，提高产量之目的

3. 盛果期树　此期骨架已形成，树冠极易郁闭，无效枝增多，内膛光照不良，主从关系大小不均，往往出现下垂、光腿、横生、倒拉，致使结果母枝早衰，结果部位外移，造成顶端结果，产量不高。盛果期树主要修剪要点是：疏病枝、透阳光、缩外围、促内膛、抬角度、节营养、养枝组、增产量。特别是要做好抬、留的科学运用，绝对不能一次处理下垂枝，要本着三抬一、五抬二的手法（下垂枝连

续三年生的可疏去一年生枝,五年生缩至二年生处,留向上枝),抬高枝角度,复壮枝势,充实结果母枝,达到稳产、高产之目的。

4.衰老树更新　首先,疏除病虫枯枝、密集无效枝,回缩外围枯梢枝(但必须回缩至有生长能力的部位),促其萌发新枝;其次,要充分利用好一切可利用的徒长枝,尽快回复树势,继续结果。对严重衰老树,要采取大更新,即在主干及主枝上截去衰老部分的 $1/3\sim2/5$,保证一次性重发新枝,3 年后可重新形成新树冠。衰老树的更新方法请参照本章第四节衰老树更新修剪方法。

第六章　核桃的花果管理

一、核桃开花特性及授粉受精

（一）开花特性

1. 雄花　核桃一般为雌雄同株异花,但是在从新疆引种的早实核桃幼树上,也发现有雌雄同花现象,不过,雄花多不具花药,不能散粉;也有的雌雄同序,但雌花多随雄花脱落。上述两种特殊情况基本上没有生产意义。核桃雄花序长 8～12 厘米,偶有 20～25 厘米的花序,每花序着生 100～180 朵小花,每朵雄花有雄蕊 12～25 枚,花药黄色,每个药室约有花粉 900 粒,有生活力的花粉约占 25％,当气温超过 25℃ 时,会导致花粉败育,降低坐果率。

春季雄花芽开始膨大伸长,有褐色变绿,从基部向顶部膨大,经过 6～8 天花序开始伸长,基部小花开始分离,萼片开裂并能看到绿色花药,此为初花期。再经过 6 天左右,花序达一定长度,小花开始散粉,此为盛花期,其顺序是由基部逐渐向顶端开放,约 2～3 天散粉结束。散粉结束后花序变黑而干枯。散粉期如遇低温、阴雨、大风等,将对授粉受精不利。雄花过多,消耗养分和水分过多,会影响树体生长和结果。试验表明,适当疏雄(除掉雄芽或雄花约 95％)有明显的增产效果。

2. 雌花　雌花与雄花的比例为 1∶7～8。雌花呈总状花序,着生于结果枝顶端。核桃雌花可单生、2～3 朵簇生、4～6 朵序生,有的品种有小花 10～30 朵呈穗状花序(如穗状核桃),通常为 2～3 朵簇生。雌花长约 1 厘米,宽约 0.5 厘米,柱头二裂,成熟时反卷,常有黏液分泌物,子房 1 室。

春季混合花芽萌发后,结果枝伸长生长,在其顶端出现带有羽状柱头和子房的幼小雌花,雌花初显露时幼小子房露出,二裂柱头抱合,此时无授粉受精能力。约 5～8 天后,子房逐渐膨大,羽状柱头开始向两侧张开,此时为初花期。此后,经过 4～5 天,当柱头呈倒八字形时,柱头正面突起且分泌物增多,为雌花盛花期,此时接受花粉能力最强,为授粉最佳时期。再经 3～5 天以后,柱头表面开始干涸,柱头反卷,授粉效果较差。之后柱头逐渐枯萎,失去授粉能力。

核桃雌雄花的花期不一致,称为"雌雄异熟"性。雄花先开者叫"雄先型",雌花先开者叫"雌先型",雌雄花同时开放者为"雌雄同熟型",但这种情况很少。各种类型因品种不同而异。多数研究认为,以"同熟型"的产量和坐果率最高,"雌先型"次之,"雄先型"最低。

3. 二次花 核桃一般每年开花 1 次,但早实核桃具有二次开花结实的特性。二次花着生在当年生枝顶部。花序有三种类型:第一种是雌花序,只着生雌花,花序较短,一般长 10～15 厘米;第二种是雄花序,花序较长,一般为 15～40 厘米;第三种是雌雄混合花序,下半序为雌花,上半序为雄花,花序最长可达 45 厘米,一般易坐果。此外,早实核桃还常出现两性花:一种是子房基部着生 8 枚雄蕊,能正常散粉,子房正常,但果实很小,早期脱落;另一种是在雄蕊中间着生一发育不正常的子房,多早期脱落。二次雌花多在一次花后 20～30 天时开放,如能坐果,坚果成熟期与一次果相同或稍晚,果实较小,用作种子能正常发芽。用二次果培育的苗木与一次果苗木无明显差异。

(二)授粉受精

核桃系风媒花。花粉传播的距离与风速、地势等有关,在一定距离内,花粉的散布量随风速增加而加大,但随距离的增加而减少。据研究报道,最佳授粉距离应在距授粉树 100 米以内,超过 300 米,几乎不能授粉,这时需进行人工授粉。花粉在自然条件下的寿命只有 5 天左右。据研究测定,刚散出的花粉生活力高达 90%,放置 1 天后降至 70%,在室内条件下,6 天后全部失活,即使在冰箱冷藏条件下,采粉后 12 天,生活力也下降到 20% 以下。在一天中,以上午 9~10 时,下午 3~4 时给雌花授粉效果最佳。

核桃的授粉效果与天气状况及开花情况有较大关系。多年经验证明,凡雌花短,开花整齐者,其坐果率就高;反之则低。据调查,雌花期 5~7 天的品种,坐果率高达 80%~90%,8~11 天的品种坐果率在 70% 以下,12 天的品种坐率仅为 36.9%。花期如遇低温阴雨天,则会明显影响正常的授粉受精活动,降低坐果率。

有些核桃品种或类型不需授粉,也能正常结出有活力的种子,这种现象称为孤雌生殖。对此国内外均有报道。有报道称,核桃孤雌生殖率可达 4.08%~43.7%,且雄先型树高于雌先型树。国外有研究曾观察了 38 个中欧核桃品种在 9 年中的表现,其中有孤雌生殖现象者占 18.5%。此外,用异属花粉授粉,或用吲哚乙酸、萘乙酸及 2,4-D 等处理,或用纸袋隔离花粉,均可使核桃结出有种仁的果实。这表明,不经授粉受精,核桃也能结出一定比例的有生殖能力的种子。

(三)人工授粉提高坐果率

1. 采集花粉 从生长健壮的成年树上采集将要散粉(花序由绿变黄)或刚刚散粉的雄花序,放在干燥的室内或无阳光直射的地方晾干,在 20 ℃~25 ℃ 条件下,经 1~2 天即可散粉,然后将花粉收集在指形管或青霉素瓶中,置于 2 ℃~5 ℃ 条件下备用。花粉生活力在常温下可保持 5 天左右,在 3 ℃ 冰箱中可保持 20 天以上。瓶装花粉应适当通气,以防发霉。为适应大面积授粉的需

第六章 核桃的花果管理

要,可将原粉加以稀释,一般按 1∶10 加入淀粉,稀释后的花粉同样可以收到良好的授粉效果。

2. 选择授粉适期 当雌花柱头开裂并呈"倒八字形"时,柱头羽状突起、分泌大量黏液,并具有一定光泽时,为雌花接受花粉的最佳时期。此时正值雌花盛期,时间为 2～3 天,雄先型植株此期只有 1～2 天,要抓紧时间授粉。有时因天气状况不良,同一株树上雌花期早晚可相差 7～15 天,可分两次进行授粉。

3. 授粉方法 对树体较矮小的早实核桃幼树,可用授粉器授粉,也可用"医用喉头喷粉器"代替,将花粉装入喷粉器的玻璃瓶中,在树冠中上部喷洒,喷头要在柱头 30 厘米以上,此法授粉速度快,但花粉用量大。也可用新毛笔蘸少量花粉,轻轻弹在柱头上,注意不要直接往柱头上抹,以免授粉过量或损坏柱头,导致落花。对成年树或高大的晚实核桃树可采用花粉袋抖授法,将花粉装入 2～4 层纱布袋中,封严袋口,拴在竹竿上,然后在树冠上方迎风面轻轻抖撒。也可将即将散粉的雄花序采下,每 4～5 个为 1 束,挂在树冠上部,任其自由散粉,效果也很好,还可免去采集花粉的麻烦。此外,还可将花粉配成悬液(花粉与水之比为 1∶3 000～5 000)进行喷洒,有条件时可在水中加 2% 蔗糖和 0.02% 硼酸,可促进花粉发芽和受精。此法既节省花粉,又可结合叶面喷肥进行,适合山区或水源缺乏的地区应用。

核桃属于异花授粉核桃,虽也存在着自花结实现象,但坐果率较低;核桃存在着雌、雄花期不一致的现象,且为风媒花,自然授粉受各种条件限制,致使每年坐果情况差异较大。幼树开始结果的第 2～3 年只形成雌花,没有或很少有雄花,因而影响授粉和结果。某些品种的同一株树上,雌雄花期可相差 20 多天。花期不相遇常造成授粉不良,严重影响坐果率和产量。零星栽种的核桃树这种现象更为严重。为了提高坐果率,增加产量,可以进行人工辅助授粉。授粉应在核桃树初花期到盛花期进行。

(四)疏雄花节省营养

核桃是雌雄同株异花植物,雌花着生在结果枝顶端,雄花着生在同一结果母枝的基部或雄花枝上。核桃雄花数量大,远远超出授粉需要,可以疏除一部分雄花。生产实践证明,雄花和雌花在发育过程中,需要消耗大量树体内贮藏的营养,尤其是在雄花快速生长和雄花大量开花时,消耗更为突出,此时,树体有限的营养和水分往往成为限制雌花生长发育和开花坐果的因素。尤其核桃花期,正值我国北方干旱季节,水分往往成为生殖活动的限制因子,而雄花芽又位于雌花芽的下部,处于争夺水分和养分的有利位置,大量雄花芽的发育势必影响到结果枝的雌花发育。提早疏除过量的雄花芽,可以节省树体的大量水分和养分,有利当年雌花的发育,提高当年坚果产量和品质,同时也有利于新梢的生长和花芽分化。故采取人工剪除或喷施"核桃化学去雄剂"疏除过多的雄花能够使有限的养分和水分供应开花坐果和果实发育。研究表明,疏除 90%～95% 雄花序,能减少树体部分养分的无效消耗,促进树体内水分、养分集中供应开花、坐果和果实生长发育,因而能大幅度地提高产量和质量,不仅有利于当年树体生长发育,提高果实品质和产量,同时也有利于新梢的生长,保证翌年的生产。

1. 疏雄时期 原则上以早疏为宜,一般以雄花芽未萌动前20 天内进行为宜,雄花芽开始膨大时,为疏雄的最佳时期。因为休眠期雄芽比较牢固,操作麻烦,而待雄花序伸长时,已经消耗营养,对树是不利的。

2. 疏雄数量 雌花序与雄花序之比为 1∶5(±1),每个雄花序有雄花 100～180 个。雌花序与雄花(小花)数之比为1∶500～1 080。若疏去 90%～95% 的雄花序,雌花序与雄花之比仍可达1∶25～60,完全可以满足授粉的需要。但雄花芽较少的植株和初果期的幼树,可以不疏雄。

二、核桃结果特性及合理负载

(一)结果特性

不同类型和品种的核桃树开始结果年龄不同,早实核桃2~3年,晚实核桃5~6年开始结果。初结果树,多先形成雌花,2~3年后才出现雄花。成年树雄花量多于雌花几倍或几十倍,在雄花和雌花在发育过程中,需要消耗大量树体内贮藏的营养,尤其是在雄花快速生长和雄花大量开花时,消耗更为突出,以至因雄花过多而影响果实产量和品质。

早实核桃树各种长度的当年生枝,只要生长健壮,都能形成混合芽。晚实核桃树生长旺盛的长枝,当年都不易形成混合芽,形成混合芽的枝条长度一般在5~30厘米。

成年树以健壮的中、短结果母枝坐果率最高。在同一结果母枝上以顶芽及其以下第1~2个腋花芽结果最好。坐果的多少与品种特性、营养状况、气候状况和所处部位的光照条件等有关。一般一个果序可结1~2个果,有些品种也可着生3个果或多果。着生于树冠外围的结果枝结果情况较好,光照条件好的内膛结果枝也能结果。健壮的结果枝在结果的当年还可形成混合芽,结果枝中有96.2%于当年继续形成混合芽,而弱果枝中能形成混合芽的只占30.2%,说明核桃结果枝具有连续结实的能力。核桃喜光与合轴分枝的习性有关,随树龄增长,结果部位迅速外移,果实产量集中于树冠表层。早实核桃二次雌花一般也能结果,所结果实多呈1序多果穗状排列。二次果较小,但能成熟并具发芽成苗能力,苗的生长状况同一次果的苗无差异,且能表现出早实特性,所结果实体型大小也正常。

（二）果实的发育

核桃果实发育是从雌花柱头枯萎到总苞变黄开裂、坚果成熟的整个过程。此期的长短因品种、气候和生态条件的变化而异，一般南方为 170 天左右，北方为 120 天左右。核桃果实发育大体可分为 4 个时期。

1. 果实速长期 一般在 5 月初到 6 月初，30～35 天，是果实生长最快的时期，其体积生长量约占全年总生长量的 90% 以上，重量则占 70% 左右，日平均绝对生长量达 1 毫米以上。

2. 果壳硬化期 又称硬核期。北方是在 6 月下旬，坚果核壳自基部向顶部逐渐变硬，种仁由糊糊状物变成嫩核仁，果实大小基本定型，生长量减小，营养物质开始迅速积累。

3. 油脂迅速转化期 亦称种仁充实期，从硬核期到果实成熟，果实略有增长，到 8 月上中旬停止增长，此时果实已达到品种应有的大小，种仁内淀粉、糖和脂肪等含量迅速增加。同时，核仁不断充实，重量迅速增加，含水率下降，风味由甜淡变香脆。

4. 果实成熟期 8 月下旬至 9 月上旬。果实各部分已达该品种应有的大小，坚果重量略增加，青果皮由深绿、绿色逐渐变为黄绿色或黄色，有的出现裂口，坚果易脱出。据研究，此期坚果含油量仍有较多增加，为保证品质，不宜过早采收。

（三）疏花疏果及合理负载

1. 疏雌花 近年来，早实核桃栽培面积不断增加，生产上常因结果量大，使果实变小，核壳发育不完整，种仁干瘪，发育枝少而短，结果枝细而弱，严重时造成大量枝条干枯，树体衰弱。为保证树体健壮，高产稳产，延长结果期，除了加强肥水管理和修剪复壮外，还要维持树体的合理负载，疏除过多的雌花和幼果。

（1）疏花时间 雌花在发育过程中，需要消耗大量树体内贮藏的营养,因此从节约树体营养角度出发,疏花时间宜从现蕾到盛花期末进行。

(2)疏花方法 先疏除弱枝或细弱枝上的花,也可连同弱枝一同剪掉。每个花序有 3 朵以上花的,视结果枝的强弱,可保留 3 朵,为使坐果部位在冠内要分布均匀,郁闭内膛可多疏。应特别注意,疏花仅限于坐果率高的早实核桃品种。

2. 疏幼果 早实核桃以侧花芽结果为主,雌花量较大,到盛花期后,为保证树体营养生长与生殖生长的相对平衡,保持优质高产稳产和果实质量,必须疏除过多的幼果,否则会因结果太多造成果个变小,品质变差,严重时导致树势衰弱,枝条大量干枯死亡。

(1)疏果时间 可在生理落果后,一般在雌花受精后 20~30 天,即子房发育到 1~1.5 厘米时进行。疏果量应依树势状况和栽培条件而定,一般以 1 平方米树冠投影面积保留 60~100 个果实为宜。

(2)疏果方法 先疏除弱枝或细弱枝上的幼果,也可连同弱枝一同剪掉;每个花序有 3 个以上幼果,视结果枝的强弱,可保留 2~3 个,为使坐果部位在冠内要分布均匀,郁闭内膛可多疏。应特别注意,疏果也仅限于坐果率高的早实核桃品种。

(四)防止落花落果的技术措施

花期喷硼酸、稀土和赤霉素,可显著提高核桃树的坐果率。据山西省林业科学研究所 1991—1992 年进行多因子综合试验,认为盛花期喷赤霉素、硼酸、稀土的最佳浓度分别为 54 克/千克、125 克/千克和 475 克/千克。另外花期喷 0.5% 尿素和 0.3% 磷酸二氢钾 2~3 次能改善树体养分状况,促进坐果。

第七章　核桃的采收及处理

一、核桃采收技术

(一)果实成熟的特征

核桃的适时采收非常重要,采收过早,青皮不易剥离,种仁不饱满,出仁率低,脂肪含量降低,影响坚果产量,而且不耐贮藏;采收过晚,果实易脱落,同时青皮开裂后停留在树上的时间过长,会增加感染霉菌的机会,导致坚果品质下降:因此,为保证核桃坚果的产量和品质,应在坚果充分成熟且产量和品质最佳时采收。

核桃为假核果类,其可食部分为核仁,故它们成熟期与桃、杏等不同,它们包括青果皮及核仁两个部分的成熟过程,这两部分常存在不同的成熟现象。核桃从坐果到果实成熟需要 130～140 天。核桃果实成熟期因品种、地区和气候不同而异,早熟品种与晚熟品种间,成熟期可相差半个月以上。气候及土壤水分状况对核桃成熟期影响也很大。在初秋气候温暖,夜间冷凉而土壤湿润时,青果皮与核仁的成熟期趋向一致;而当气温高,土壤干旱时,核仁成熟早而青果皮成熟则推迟,最多可相差几周。一般情况下,北方地区的成熟期在此基础 9 月上旬至中旬,南方相对早些。同一地区内的成熟期也不同,平原较山区成熟早,低山区比高山区成熟早,阳坡较阴坡成熟早,干旱年份比阴雨年份成熟早。目前,我国核桃掠青早采的现象相当普遍,且日趋严重。青果皮成熟时,由深绿色或绿色变为黄绿色或淡黄色,茸毛稀少,果实顶部出现裂缝,与核壳分离,为青皮的成熟特征。内隔膜由浅黄色转为棕色,为核仁的成熟特征。

(二)果实成熟期内含物的变化

1. 果实干重的变化　核桃果实成熟期间单果干重仍有明显增加,单果干重的 13.04% 左右是成熟期间增加的,且单果干重变化主要表现在种仁干重的增加,最后种仁质量的 24.08% 是成熟期间积累的,青皮及硬壳干重在成熟期间几乎没有变化。

2. 种仁中有机营养的变化　研究结果表明,核桃果实成熟期间种仁中的有机营养以脂肪含量最高,平均达 71.04%,其变化呈指数型积累;蛋白质含量次之,平均为 18.63%,其变化呈下降趋势;水溶性糖含量较低,平均为 2.52%,变化不大;淀粉含量很低,平均为 0.13%,变化不明显。

3. 果实青皮矿质元素的变化　有研究表明,早实核桃'辽宁 1 号'和晚实核桃'清香'果实成熟过程中,青皮中矿质元素含量是不同的:'清香'青皮中钾的含量平均为 3.4%,是氮平均含量的 4.04 倍,磷平均含量的 21.82 倍;'辽宁 1 号'中钾的含量平均为 3.3%,是氮平均含量的 3.17 倍,是磷平均含量的 25.56 倍;在核桃果实生长发育阶段,青皮中钾含量最高,并呈现先增加后降低的趋势,氮、磷和锌含量较低,变化比较平稳;早实核桃'辽宁 1 号'和晚实核桃'清香'青皮中钾含量变化趋势不同。

4. 种仁中矿质元素的变化　果实成熟过程中,种仁中钾的含量呈明显下降趋势,磷和锌的变化比较平稳。'清香'种仁中氮含量基本是先增加后下降趋势,'辽宁 1 号'种仁中氮的含量逐渐下降。在同一时期,早实核桃种仁中氮含量比晚实核桃种仁中氮含量要高。在果实生长发育阶段,氮和钾平均含量比磷的平均含量高,而且核桃种仁中氮和钾的波动性比磷和锌大。

(三)适时采收的意义

核桃果实适时采收,是一个非常重要的环节。只有适时采收,才能保证核桃优质高产。据各产区的调查表明,目前核桃的采收期一般提前 10～15 天,产量损失 8% 左右,按我国 2010 年产量 106.6 万吨统计,每年因早采收损失约 8.5 万吨。提早采收也是近年来我国核桃坚果品质下降的主要原因之一。过早采收的原因可能有两种:一是消费者盲目购买。由于有些市民只知道核桃的营养价值高,但不知道核桃成熟时间,只要市场上有销售就去购买。二是利益的驱使。核桃产区的群众,看到未成熟的青皮核桃价格高,改变了以往成熟时收获的习惯。

采收过早,青皮不易剥离,种仁不饱满,出仁率低,加工时出油率低,而且不耐贮藏。提前 10 天以上采收时,坚果和核仁的产量分别降低 12% 及 34% 以上,脂肪含量降低 10% 以上。过晚采收,则果实易脱落,同时果实青皮开裂后停留在树上时间过长,也会增加受霉菌感染的机会,导致坚果品质下降,深色核仁比例增加,也会影响种仁品质。

(四)采收时期的确定

除个别早实品种在处暑以后(8 月下旬)采收外,绝大部分品种采收时间应在 9 月上中旬,即是白露前后(最好是白露后)。采收期推迟 10 天,产量可增加 10%,出仁率可增加 18%。

核仁成熟期为采收适期。一般认为青皮由深绿变为浅黄色,30% 果顶部开裂,80% 的坚果果柄处已经形成离层,且其中部分果实顶部出现裂缝,青果皮容易剥离,此期为适宜采收期,其核桃种仁饱满,幼胚成熟,子叶变硬,风味浓香。

二、采收与处理

(一)采收方法

目前,我国采收核桃的方法是人工采收法。人工采收法是在核桃成熟时,用带弹性的长木杆或竹竿敲击果实。敲打时应该自上而下,从内向外顺枝进行。如由外向内敲打,容易损失枝芽,影响来年产量。

也可采用机械振动法,在采收前半月喷 1~2 次浓度为 500~2 000 毫克/千克的乙烯利催熟,然后,用机械环抱振动树干,将果实震落于地面,可有效促使脱除青果皮,大大节省采果及脱青皮的劳动力,也提高了坚果品质,国外核桃采收多采用此类方法。喷洒乙烯利必须使药液遍布全树冠,接触到所有的果实,才能取得良好的效果。使用乙烯利会引起轻度叶片变黄或少量落叶,属正常反应,但树势衰弱的树会发生大量落叶,故不宜采用。

为了提高坚果外观品质,方便青皮处理,也可采用单个核桃手工采摘的方法,或用带铁钩的竹竿或木杆顺枝钩取,避免损伤青皮。采收装袋时把青皮有损伤的和无损伤的分开装袋。

(二)采收后的处理

人工打落采收的核桃,70% 以上的坚果带青果皮,故一旦开始采收,必须随采收、随脱青皮、随干燥,这是保证坚果品质优良的重要措施。带有青皮的核桃,由于青皮具有绝热和防止水分散失的性能,使坚果热量积累,当气温在 37℃ 以上时,核仁很易达到40℃ 以上而受高温危害,在炎日下采收时,更须加快拣拾。核桃果实采收后,将其及时运到室内或室外阴凉处,不能放在阳光下暴晒,否则会使种仁颜色变深,降低坚果品质。

1. 果实脱青皮

（1）人工脱皮法　核桃果实采收后，及时用刀或剪刀将青皮剥离，削净果皮。此法人工需要量大，效率低，目前基本不采用此法。

（2）堆沤脱皮法　收回的青果应及时放到阴凉、通风处，青皮未离皮时，可在阴凉处堆放，切忌在阳光下暴晒，然后按 50 厘米左右的厚度堆成堆。可在果堆上加 1 层 10 厘米左右厚的湿秸秆、湿袋或湿杂草等，这样可提高堆内温度，促进果实后熟，加快果实脱皮速度。一般堆沤 4～6 天后，当青果皮离壳或开裂达到 50% 以上时，可用脚轻踩，用棍敲击或用手搓脱皮。部分不能脱皮的果实用刀削除果皮或再集中堆沤数日，直到全部脱皮为止。堆沤时间长短与果实成熟度有关，成熟度越高，堆沤时间越短；反之越长，但切勿过长，以免使青皮变黑使坚果壳变色，以免污液渗入坚果内部污染种仁，降低坚果品质。在操作过程中应尽量避免手、脚和皮肤直接接触青皮。

（3）乙烯利脱皮法　由于堆沤去皮法需要的时间较长，工作效率较低，果实污染率高，对坚果品质影响较大，可采用乙烯利脱皮法。做法是：果实采收后，在浓度为 3 000～5 000 毫克/千克乙烯利溶液中浸蘸约 30 秒，再按 50 厘米左右的厚度堆在阴凉处或室内，温度维持在 30℃ 左右、相对湿度 80%～90% 的条件下，再加盖一层厚 10 厘米左右的湿秸秆、湿袋或湿杂草等，经 3～4 天左右，离皮率达 95% 以上。此法不仅时间短、工效高，而且还能显著提高果品质量。注意在应用乙烯利催熟过程中，忌用塑料薄膜之类不透气材料覆盖，也不能装入密闭的容器中。

2. 坚果漂洗　坚果脱去青皮后，应及时洗去坚果表面上残留的烂皮、泥土及其他污染物，带壳销售时，可用漂白粉液进行漂白。常用的漂白方法如下：

（1）坚果的洗涤　将刚脱青皮的核桃装筐，把筐放在水池或流水中,用人工或洗涤机械搅拌 5 分钟左右,然后用清水冲洗。对坚果表面不易洗净的残留青皮,用刷子刷洗。洗涤时间不宜过长,以免污水渗入壳内,污染种仁。不需要漂白的核桃可直接捞出摊在席箔上晾晒。用于出口外销或外观较差的核桃,洗涤后还要进行漂白。漂白液的配制:将 1 千克漂白粉溶解在 5~6 升温水内,充分溶解后,滤去沉渣,再加 40~50 升的清水稀释后用作漂白液。

(2)漂白方法　倒入除掉青皮后盛核桃的容器内,以漂白液能淹没坚果为宜,然后用木棒充分搅拌 5~6 分钟,当坚果的壳变白时停止搅拌并捞出,核桃必须在清水中连续冲洗几次,直到坚果表面不留药剂和药味。用过的漂白液可再加入 1 千克漂白粉继续使用,如此连续 5~6 次后再重新配漂白液。切记:盛漂白液的容器应以瓷缸、水泥槽等为宜,禁用铁器,也不可用铁木制品。

3. 坚果干燥方法

(1)晒干法　北方地区秋季天气晴朗、凉爽,多采用此法。漂洗干净的坚果,不能立即放在阳光下暴晒,应先摊放在竹箔或高粱箔上,在避光通风处晾半天左右,待大部分水分蒸发后再摊开晾晒。湿核桃在日光下暴晒会使核壳翘裂,影响坚果品质。晾晒时,坚果厚度以不超过两层果为宜。晾晒过程中要经常翻动,以达到干燥均匀、色泽一致,一般经过 10 天左右即可晾干。

(2)烘干法　在多雨潮湿地区,可在干燥室内将核桃摊在架子上,然后在屋内用火炉子烘干。干燥室要通风,炉火不宜过旺,室内温度不宜超过 40℃。

(3)热风干燥法　用鼓风机将干热风吹入干燥箱内,使箱内堆放的核桃很快干燥。鼓入热风的温度应以 40℃ 为宜。温度过高会使核仁内脂肪变质,当时不易发现,贮藏几周后即腐败不能食用。

(4)坚果干燥的指标　坚果相互碰撞时,声音脆响,砸开检查时,横隔膜极易折断,核仁酥脆。在常温下,相对湿度 60% 的坚果平均含水量为 8%,核仁约 4%,便达到干燥标准。

三、分级与包装

(一)坚果质量分级标准

在国际市场上,核桃商品坚果的价格与坚果的大小有关。根据核桃外贸出口要求,坚果依直径大小分为三等:一等为 30 毫米以上,二等为 28～30 毫米,三等为 26～28 毫米。美国现在推出大号和特大号商品核桃,我国也开始组织出口 32 毫米商品核桃。出口核桃除要求坚果大小主要指标外,还要求果面光滑、洁白、干燥(核仁含水量不得超过 4%),成品内不允许夹带其他杂果,不完善果(欠熟果、虫蛀果、霉烂果及破裂果)总计不得超过 10%。

1. 核桃坚果质量等级 根据我国国家国标局 2006 年颁布的《核桃坚果质量等级》国家标准,将核桃坚果分为以下四级:

(1)特级果的标准 要求坚果充分成熟,壳面洁净,大小均匀,横径不小于 30 毫米,平均单果重不小于 12 克;形状一致,外壳自然黄白色,缝合线紧密,易取整仁,出仁率不小于 53%;空壳率不大于 1%,黑斑果率为 0,含水率不大于 8%;种仁黄白色,饱满,味香,涩味淡,无露仁、虫蛀、出油、霉变、异味等果;无杂质,未经有害化学物质漂白处理;种仁粗脂肪含量不小于 65%,蛋白质含量不小于 14%。

(2)一级果的标准 要求坚果充分成熟,壳面洁净,大小均匀,横径不小于 30 毫米,平均单果重不小于 12 克;形状基本一致,外壳自然黄白色,缝合线紧密,易取整仁,出仁率不小于 48%;空壳率不大于 2%,黑斑果率为 0.1%,含水率不大于 8%;种仁黄白色,饱满,味香,涩味淡,无露仁、虫蛀、出油、霉变、异味等果;无杂质,未经有害化学物质漂白处理;种仁粗脂肪含量不小于 65%,蛋白质含量不小于 14%。

(3)二级果的标准　要求坚果充分成熟,壳面洁净,大小均匀,横径不小于 28 毫米,平均单果重不小于 10 克;形状基本一致,外壳自然黄白色,缝合线紧密,易取半仁,出仁率不小于 43%;空壳率不大于 2%,黑斑果率为 0.2%,含水率不大于 8%;种仁黄白色,较饱满,味香,涩味淡,无露仁、虫蛀、出油、霉变、异味等果;无杂质,未经有害化学物质漂白处理;种仁粗脂肪含量不小于 60%,蛋白质含量不小于 12%。

(4)三级果的标准　要求坚果充分成熟,壳面洁净,横径不小于 26 毫米,平均单果重不小于 8 克;外壳自然黄白色或黄褐色,缝合线紧密,易取 1/4 仁,出仁率不小于 38%。空壳率不大于 3%,黑斑果率为 0.3%,含水率不大于 8%。种仁黄白色或淡琥珀色,较饱满,味香,略涩,无露仁、虫蛀、出油、霉变、异味等果;无杂质,未经有害化学物质漂白处理;种仁粗脂肪含量不小于 60%,蛋白质含量不小于 10%。

2. 无公害安全核桃坚果的要求

(1)感官要求　根据中华人民共和国农业标准《无公害食品落叶果树坚果》(NY5307—2005)要求:同一品种,果粒大小均匀,果实成熟饱满,色泽基本一致,果面洁净,无杂质、霉烂、虫蛀、异味,无明显的空壳、破损、黑斑和出油等缺陷果。

(2)安全指标　无公害核桃坚果除了满足上述感官要求外,坚果中的有害物质残留也不能超标(表 7-1)。

表 7-1　安全卫生指标　（NY 5307－2005）

项　目	指　标
铅(以 Pb 计),毫克/千克	≤0.4
镉(以 Cd 计),毫克/千克	≤0.05
汞(以 Hg 计),毫克/千克	≤0.02
铜(以 Cu 计),毫克/千克	≤10
酸价,KOH,毫克/千克	≤4.0
过氧化值,当量浓度/千克	≤6.0
亚硫酸盐(以 SO_2 计),毫克/千克	≤100
敌敌畏,毫克/千克	≤0.1
乐果,毫克/千克	≤0.05
杀螟硫磷,毫克/千克	≤0.5
溴氰菊酯,毫克/千克	≤0.5
多菌灵,毫克/千克	≤0.5
黄曲霉毒素 B_1,微克/千克	≤5.0

(二)包装与标志

核桃坚果的包装一般用麻袋或纸箱。出口商品可根据客商要求,每袋装 45 千克左右或 20～25 千克,装核桃的麻袋要结实,干燥,完整,整洁卫生,无毒,无污染,无异味。提倡用纸箱包装。装袋外应系挂卡片,纸箱上要贴标签。卡片和标签上要写明产品名、产品编号、品种、等级、净重、产地、包装日期、保质期、封装人员姓名或代号。

四、贮藏与运输

(一)坚果贮藏要求

核仁含油脂量高,可达 60% 以上,而其中 90% 以上为不饱和脂肪酸,有 70% 左右为亚油酸及亚麻酸,这些不饱和脂肪酸极易被氧化而酸败,俗称"变蛤"。核壳及核仁种皮的理化性质对抗氧化有重要作用:一是隔离空气,二是内含类抗氧化剂的化合物。但核壳及核仁种皮的保护作用是有限的,而且在抗氧化过程中种皮的单宁物质因氧化而变深,虽然不影响核仁的风味,但是影响外观。核桃适宜的贮藏温度为 1℃～3℃,空气相对湿度 75%～80%。核桃坚果的贮藏方法因贮藏数量与贮藏时间而异,一般分为普通室内贮藏法和低温贮藏法。普通室内贮藏法又分为干藏法和湿藏法。

(二)坚果贮藏方法

1. 常温贮藏　常温条件下贮藏的核桃,必须达到一定的干燥程度,所以在脱去青皮后,马上翻晒,以免水分过多,引起霉烂,但也不要晒得过干,晒得过干容易造成出油现象,降低品质。核桃以晒到仁、壳由白色变为金黄色,隔膜易于折断,内种皮不宜和种仁分离、种仁切面色泽一致时为宜。在常温贮藏过程中,有时会发生虫害和"返油"现象,因此贮藏必须冷凉干燥,并注意通风,定期检查。如果贮藏时间不超过次年夏季的,则可用尼龙网袋或布袋装好,进行室内挂藏。对于数量较大的,用麻袋装或堆放在干燥的地上贮藏。

2. 塑料薄膜袋贮藏　北方地区,冬季由于气温低,空气干燥,在一般条件下,果实不至于发生明显的变质现象。所以,用塑料薄膜袋密封贮藏核桃,秋季核桃入袋时,不需要立即密封,从翌年 2 月下旬开始,气温逐渐回升时,用塑料薄膜袋进行密封保存。密封时应保持低温,使核桃不易发霉。秋末冬初,若气温较高,空气潮湿,核桃入袋必须加干燥剂,以保持干燥,并通风降低贮藏室的温度。采用塑料袋密封黑暗贮藏,可有效降低种皮氧化反应,抑制酸败,在室温 25℃ 以下可贮藏 1 年。

如果袋内通入二氧化碳,则有利于核桃贮藏;若二氧化碳浓度达到 50% 以上,也可防止油脂氧化而产生的败坏现象及虫害发生;袋内通入氮气,也有较好效果。

3. 低温贮藏　若贮藏数量不大,而时间要求较长,可采用聚乙烯袋包装,在冰箱内 0℃～5℃ 条件下,贮藏 2 年以上品质仍然良好。对于数量较多,贮藏时间较长的,最好用麻袋包装,放于 -1℃ 左右冷库中进行低温贮藏。

在贮藏核桃时,常发生鼠害和虫害。一般可用溴甲烷(40 克/米³)熏蒸库房 3.5～10 个小时,或用二硫化碳(40.5 克/米³)密闭封存 18～24 小时,防治效果显著。

尽可能带壳贮藏核桃,如要贮藏核仁,核仁因破碎而使种皮不能将仁包严,极易氧化,故应用塑料袋密封,再在 1℃ 左右的冷库内贮藏,保藏期可达 2 年。低温与黑暗环境可有效抑制核仁酸败。

核桃仁在 1.1℃～1.7℃ 条件下,可贮藏 2 年而不腐烂。此外,采用合成的抗氧化材料包装核桃仁,也可抑制因脂肪酸氧化而引起的腐败现象。

第八章 核桃病虫害防治

一、主要病虫害防治技术

(一)主要病害的防治

1. 核桃炭疽病 核桃炭疽病在我国核桃产区均有发生,是核桃生产中危害最为严重的病害之一。我国河南、河北、山东、山西、辽宁、江苏、四川、云南、山西、新疆等省、自治区的核桃产区均有不同程度发生。核桃炭疽病潜伏期长、发病时间短、爆发性强,主要危害果实、叶、芽及嫩梢。一般果实感病率可达 20%~40%,病重年份可高达 95% 以上,在收果前 10~20 天迅速使果实发黑变烂,引起果实早落、核仁干瘪,严重影响核桃产量和品质,造成严重的经济损失。目前对核桃炭疽病的防治以化学防治为主。

(1)主要症状 果实受害后,果皮上出现褐色病斑,圆形或近圆形,中央下陷,病部有黑色小点产生,有时略呈纹状排列。温、湿度适宜时,在黑点处涌出黏性粉红色孢子团,即分生孢子盘和分生孢子。病果上的病斑,一至数十个,可连接成片,使果实变黑、腐烂或早落,其核仁无任何食用价值。发病轻时,核壳或核仁的外皮部分变黑,降低出油率和核仁产量。果实成熟前病斑局限在外果皮,对核桃影响不大。

叶片上的病斑,多从叶尖、叶缘形成大小不等的褐色枯斑,其外缘有淡黄色圈。有的在主侧脉间出现长条枯斑或圆褐斑。潮湿时,病斑上的小黑点也产生粉红色孢子团。严重时,叶斑连片,枯黄而脱落。

芽、嫩梢、叶柄、果柄感病后，在芽鳞基部呈现暗褐色病斑，有的还可深入芽痕、嫩梢、叶柄、果柄等，均出现不规则或长方形凹陷的黑褐色病斑，引起芽梢枯干，叶果脱落。

（2）发病规律　病菌在病枝、叶痕、残留病果、芽鳞中越冬，成为次年初次侵染源。病菌借风、雨、昆虫传播；在适宜的条件下萌发，从伤口、自然孔口侵入；在 25℃～28℃ 条件下，潜育期 3～7 天。核桃炭疽病比黑斑病发病晚。

核桃炭疽病的发生与栽培管理水平有关，管理水平差，株行距小，过于密植，通风透光不良，发病重。

不同核桃品种类型抗病性差异较大，一般华北地区本地核桃树比新疆核桃抗病，晚实型比早实型要抗病，但各有自己抗病性强的和易感病的品种和单株。

（3）防治方法

物理防治：清除病枝、落叶，集中烧毁，减少初次侵染源；加强栽培管理，增施有机肥，保持树体健壮生长。提高树体抗病能力，合理修剪，改善园内通风透光条件，有利于控制病害；选育丰产、优质、抗病的新品种。

化学防治：发芽前喷 3～5 波美度石硫合剂，或选用 50％ 多菌灵可湿性粉剂 1 000 倍液、75％ 百菌清 600 倍液、50％ 甲基硫菌灵 500～1 000 倍液，在核桃开花前、幼果期、果实迅速生长期各喷 1 次，喷药时注意均匀，同时对园周围 50 米以内的刺槐树、果树也要进行喷药，防止其他树上的病菌传入核桃园。

2. 核桃细菌性黑斑病　在我国各核桃产区均有发生。该病主要危害核桃幼果、叶片和嫩梢。一般植株被害率 70％～100％，果实被害率 10％～40％，严重时可达 95％ 以上，造成果实变黑、腐烂、早落，使核仁干瘪减重，出油率降低，甚至不能食用。

（1）主要症状　果实病斑初为黑褐色小斑点，后扩大成圆形或不规则黑色病斑。无明显边缘，周围呈水渍状晕圈。发病时，病斑中央下陷、龟裂并变为灰白色,果实略现畸形。危害严重时,导致全果迅速变黑腐烂,提早落果。幼果发病时,因其内果皮尚未硬化,病菌向里扩展可使核仁腐烂。接近成熟的果实发病时,因核壳逐渐硬化,发病仅局限在外果皮,危害较轻。

叶上病斑最先沿叶脉出现黑色小斑,后扩大成近圆形或多角形黑褐色病斑,外缘有半透明状晕圈,多呈水渍状。后期病斑中央呈灰色或穿孔状,严重时整个叶片发黑、变脆,残缺不全。叶柄、嫩梢上的病斑长圆形或不规则形、黑褐色、稍凹陷,病斑绕枝干 1 周,造成枯梢、落叶。

(2)发病规律　细菌在病枝、溃疡斑内、芽鳞和残留病果等组织内越冬。翌年春季借雨水或昆虫将带菌花粉传播到叶和果实上,并多次进行再侵染。细菌从伤口、毛皮孔或柱头侵入。病菌的潜育期一般为 10～15 天。该病发病早晚及发病程度与雨水关系密切。在多雨年份和季节,发病早且严重。在山东、河南等省一般 5 月中下旬开始发生,6～7 月份为发病盛期,核桃树冠稠密,通风透光不良,发病重。一般本地核桃比新疆核桃感病轻,弱树重于健壮树,老树重于中、幼龄树,目前,山东省已选育出一些较抗病的优良株系。

(3)防治方法

加强田间管理:要保持园内通风透光,砍去近地枝条,减少潮湿和互相感病机会;结合修剪,除去病枝和病果,减少初侵染源。

选育抗病品种:选育抗病品种是防治核桃黑斑病的主要途径之一,选择核桃品种时要把抗病性作为主要标准之一,因当地实生良种核桃、黑核桃抗病性强,引进的薄壳核桃抗性差,所以应加强薄壳核桃抗性选育工作。

肥水管理:重视有机土杂肥的施用,秋施土杂肥,花前追施速效氮肥,夏季追施磷、钾肥,山区注意刨树盘,蓄水保墒,增强树势,保持树体健壮生长,提高抗病能力。

化学防治：发芽前喷 3～5 波美度石硫合剂,消灭越冬病菌,兼治介壳虫等其他病虫害;展叶前喷 1～3 次 1∶1∶200 的波尔多液;5 月至 6 月份喷 70% 甲基硫菌灵可湿性粉剂 1 000～1 500 倍液效果也较好,或每半个月喷 1 次 50 微克/克农用链霉素加 2% 硫酸铜。

3. 核桃溃疡病　核桃溃疡病是一种真菌性病害,主要危害幼树主干、嫩枝和果实,一般植株感病率在 20%～40% 之间,严重时可达 70%～100%。可引起植株衰弱、枯枝甚至死亡。果实感病后,引起果实干缩、变黑腐烂,引起果实早落,品质和产量下降。该病在我国核桃产区均有发生。

(1)主要症状　该病多发生在树干及侧枝基部,最初出现黑褐色近圆形病斑,直径 0.1～2.0 厘米。有的扩展成梭形或长条病斑。在幼嫩及光滑树皮上,病斑呈水渍状或形成明显的水疱,破裂后流出褐色黏液,遇光全变成黑褐色,随后患处形成明显圆斑。后期病斑干缩下陷,中央开裂,病部散生许多小黑点,即病菌的分生孢子器。严重时,病斑迅速扩展或数个相连,形成大小不等梭形的长条形病斑,当病部不断扩大环绕枝干 1 周时,则出现枯梢,枯枝或整株死亡。

(2)发病规律　病菌以菌丝体在病部越冬。翌年春气温回升雨量适中时,可形成分生孢子,从枝干皮孔或伤口侵入,形成新的溃疡病。该病与温度、雨水、大风等关系密切,温度高,潜育期短。一般从侵入到症状出现需 1～2 个月。该病是一种弱寄生菌,从冻害、日灼和机械伤口侵入,一切影响树势衰弱的因素都有利于该病发生,如管理水平不高,树势衰弱或林地干旱、土质差、伤口多的园地易感病。

(3)防治方法

树干涂白,防止日灼和冻害。涂白剂配制为:生石灰 5 千克,食盐 2 千克,油 0.1 千克,水 20 升。

加强田间管理,搞好保水工程,增强树势,提高树体抗病能力。防旱排涝,增施有机肥,改良土壤,合理修枝整形改善树冠结构。

将病斑树皮刮至木质部,然后在病斑处纵横割几条口子,涂刷3～5波美度石硫合剂、1% 硫酸铜液或 1∶3∶15 的波尔多液灭菌消毒

4. 核桃枝枯病　该病在全国各地均有发生,主要危害核桃枝干,尤其是 1～2 年生枝条易受危害,一般发病率为 20%～30%,严重时可达80%。

(1)主要症状　1～2 年生的枝梢或侧枝受害后,先从顶端开始,逐渐蔓延至主干。受害枝上的叶变黄脱落。发病初期,枝条病部失绿呈灰绿色,后变红褐色或灰色,大枝病部稍下陷。当病斑绕枝 1 周时,出现枯枝或整株死亡,并在枯枝上产生密集、群生小黑点,即分生孢子盘。湿度大时,大量分生孢子和黏液从盘中央涌出,在盘口形成黑色瘤状突起。

(2)发病规律　病菌在病枝上越冬,翌年借风雨等传播,从伤口或枯枝上侵入。此菌是一种弱寄生菌,只能危害衰弱的枝干和老龄树,因此发病轻重与栽培管理、树势强弱有密切关系。

(3)防治方法

及时剪除病枝、死株,集中烧毁,以减少初侵染源,防止蔓延。

适地适树,林粮间作;加强肥水管理,增施有机肥,提高地力,增强树势,提高树体抗病能力。

主干发病的,应及时刮除病部,并用 15% 硫酸铜或 40% 福美砷可湿性粉剂 50 倍液消毒再涂抹煤焦油保护。

5. 核桃腐烂病　又称黑水病、烂皮病。该病属真菌性病害,主要危害核桃树皮。受害株率可达到 50%,高的达 80% 以上,树皮受危害后导致枯枝,结实能力下降,甚至全株枯死。核桃腐烂病在同一株树上的发病部位以枝干的阳面、树干分杈处、剪锯口和其

他伤口处较多。同一园中,结果核桃园比不结果核桃园发病多,老龄树比幼龄树发病多,弱树比壮树发病多。该病主要在新疆、甘肃、河南、山东和四川等核桃产区发生

(1)病害症状　幼树发病后,病部深达木质部,周围出现愈伤组织,呈灰色梭形病斑,水渍状,手指压时流出液体,有酒糟味。中期病皮失水干陷,病斑上散生许多小黑点。后期病斑纵裂,流出大量黑水,当病斑环绕枝干1周时,即可造成枝干或全树死亡。成年树受害后,因树皮厚,病斑初期在韧皮部腐烂,许多病斑呈小岛状互相串联,周围集结大量的菌丝层,一般外表看不出明显的症状,当发现皮层向外流出黑液时,皮下已扩展为较大的溃疡面。营养枝或二年生侧枝感病后,枝条逐渐失绿,皮层与木质部剥离、失水,皮下密生黑色小点,呈枝枯状。修剪伤口感染发病后,出现明显的褐色病斑,并向下蔓延引起枝条枯死。

(2)发病规律　病菌在枝干病部越冬,第二年环境适宜时产生分生孢子,借助风雨、昆虫等传播,从伤口、剪锯口、嫁接口等处侵入。病斑扩展在4月中旬至5月下旬。一般粗放管理,土层瘠薄,排水不良,水肥不足,树势衰弱或遭冻害或盐碱害的核桃树易感染此病。

(3)防治方法

加强栽培管理。对立地条件差、土层瘠薄、水肥不足应增施有机肥料,以增强树势,提高树体营养水平。进行科学的整形修剪,对树冠密闭的树要疏除过密枝,打开天窗,生长期间疏除下垂枝、老弱枝,调节树体结构,促进其健康生长,提高抗病力,是防治此病的基本措施。适期采收,尽量避免用棍棒击伤树皮。

及时检查和刮治病斑做消毒保护。刮除病斑一般在春季进行,也可在生长期发现病斑随时进行刮治,刮治的范围可控制到比变色组织大出1厘米,略刮去一点好皮即可。树皮没有烂透的部位,只需将上层病皮刮除。病变达木质部的要刮到木质部。刮后

涂 4～6 波美度的石硫合剂,或 1% 硫酸铜液进行涂抹消毒,或喷 50% 甲基硫菌灵可湿性粉剂 100 倍液。

树干涂白防冻。冬季日照较长的地区,冬前先刮净病斑,然后涂白(配方为水：生石灰：食盐：硫磺粉：动物油＝100：30：2：1：1),以降低树皮温差,减少冻害和日灼。开春发芽前,6～7 月和 9 月份,在主干和主枝的中下部喷 2～3 波美度石硫合剂。

6. 核桃白粉病　核桃白粉病主要危害叶、幼芽和新梢,引起早期落叶和死亡。在干旱季节和年份发病率高。

(1)病害症状　最明显的症状是叶片正、反面形成薄片状白粉层,秋季在白粉层中生出褐色至黑色小颗粒。发病初期叶片上呈黄白色斑块,严重时叶片扭曲皱缩,提早脱落,影响树体正常生长。幼苗受害后,植株矮小,顶端枯死,甚至全株死亡。

(2)发病规律　病菌在脱落的病叶上越冬,翌年春季气温回升,遇雨水散出孢子,借气流等进行第一次传播。发病后分生孢子多次进行再侵染。温暖而干旱,氮肥多、钾肥少,枝条生长不充实时易发病,幼树比大树易受害。

(3)防治方法

科学施肥,增施有机肥,注意氮、磷、钾肥的合理配比,提高抗病力。合理灌水,加强树体管理,增强树体抗病力。

及时清园,消除病源,以减少初次侵染源。

药剂防治:发病初期喷布 0.2～0.3 波美度的石硫合剂,或甲基硫菌灵 800～1 000 倍液,或 25% 三唑酮 500～800 倍液。

7. 核桃褐斑病　该病由真菌引起,主要危害叶、嫩梢和果实,引起早期落叶、枯梢,影响树势和产量。主要发生在我国陕西、河北、吉林、四川、河南、山东等省。

(1)病害症状　受害叶初期出现小褐斑,后扩大呈近圆形或不规则,直径为 0.3～0.7 厘米的灰褐色斑块,中间灰褐色,边缘不明显且黄绿至紫色,病斑上有黑褐色小点,略呈同心轮纹状排列。

严重时病斑连接,致使早期落叶。嫩梢上病斑为长椭圆形或不规则形,稍凹陷,边缘褐色,中间有纵裂纹,后期病斑上散生小黑点,严重时梢枯。果实病斑比叶片病斑小,凹陷,扩展后果实变黑腐烂。

(2)发病规律　病菌在病叶或病枝上越冬,翌年春季产生分生孢子,借风雨传播,从伤口或皮孔侵入叶、枝或幼果。5月中旬到6月初开始发病,7～8月为发病盛期。多雨年份或雨后高温、高湿发病迅速,造成苗木大量枯梢。

(3)防治方法

及时清园,采果后,清除病叶、病梢和病果,深埋或烧毁。

药剂防治:6月上中旬或7月上旬,各喷1次1:2:200的波尔多液或50%的甲基硫菌灵800倍液,效果良好。

8.苗木菌核性根腐病　该病又叫白绢病,多危害一年生幼苗根系皮层,使其主根及侧根皮层腐烂,地上部枯死,甚至全树死亡。该病在全国各地均有发生。

(1)病害症状　高温、高湿时,苗木根颈基部和周围的土壤及落叶表面有白色绢丝状菌丝体产生,随后长出小菌核,初为白色后转为茶褐色。

(2)发病规律　病菌在病株残体及土壤中越冬,多从幼苗颈部侵入,遇高温、高湿时发病严重。一般5月下旬开始发病,6～8月为发病盛期,在土壤黏重、酸性土或前作为蔬菜、粮食等地块上育苗的易发病。

(3)防治方法

加强苗木检疫,对苗木加强检疫,以防栽植带菌苗木。

选好圃地,避免病圃连作,选排水好、地下水位低的地方为圃地,在多雨区采用高床育苗。

种子消毒及土壤处理:播前用0.3%的50%多菌灵粉剂拌种,对酸性土适当加入石灰或草木灰,以中和酸度,可减少发病;此外,用1%硫酸铜或甲基硫菌灵500～1 000倍液浇灌病树根部,再用消石灰撒入苗根茎部及根部土壤,或用代森铵水剂 1 000 倍液浇灌土壤,对病害均有一定的抑制作用。

9. 核桃灰斑病

(1)病害症状　主要危害叶片。叶片上产生圆形病斑,直径为 3～8 毫米,初浅绿色,后变成暗褐色,最后变为灰白色,边缘为黑褐色,后期病斑上生出黑色小粒点,即病原菌分生孢子器。病情严重时,造成早期落叶。河北省、陕西省均有发生。

(2)发病规律　病菌以菌丝和分生孢子器在叶片上越冬。翌年春季产生分生孢子,借风、雨传播,引起发病,雨季进入发病盛期,降雨多且早的年份发病重。该病菌主要侵染核桃叶片,引起具有明显边缘的病斑,但病斑不易扩大,发病严重时,每片叶上可产生许多病斑。管理粗放、枝叶过密、树势衰弱易发病。

(3)防治方法

科学施肥,增施有机肥,注意氮、磷、钾肥的合理配比,提高抗病力。合理灌水,加强树体管理,增强树体抗病力。

加强管理,防止枝叶过密,注意降低核桃园湿度,可减少侵染。及时清园,消除病源,以减少初次侵染源。

发病初期喷布 50% 苯菌灵可湿性粉剂 800 倍液或 50% 甲基硫菌灵·硫磺悬浮剂 900 倍液,第一次喷药后,视病情发展情况可每隔 10～15 天喷 1 次,病情重的连喷 2～3 次。

10. 核桃冠瘿病　　细菌病害,由癌肿野杆菌侵染所致,危害核桃枝干,上生大小不等的瘤,初光滑,以后表面逐渐开裂、粗糙。病菌在癌瘤组织的皮层内或依附病残根在土壤中越冬,借灌溉水、雨水等传播,远距离传播的主要途径为苗木调运。排水不良、黏重土壤常发病重。

(1)病害症状　冠瘿病主要发生在幼苗和幼树枝干、干基部和根部。初期在被害处形成表面光滑的瘤状物,难以与愈伤组织区分,但它较愈伤组织发育快,后期形成大瘤,瘤面粗糙并龟裂,质地坚硬,可轻轻将瘤掰掉,后期表面渐开裂变粗糙,瘤的直径最大可达 30 厘米。受害树木生长衰弱,如果根颈和主干上的病瘤环周,则寄主生长趋于停滞,叶片发黄而早落,甚至枯死。此病有继续发展的趋势。

(2)发病规律 病原在癌瘤组织的皮层内或依附病残根在土壤中越冬,在土壤中能存活 2 年以下,借灌溉水、雨水等传播,传播的主要途径为苗木的远距离调运。从伤口侵入。潜育期几周至 1 年以上。排水不良、碱性、黏重土壤常发病重。

(3)防治方法

加强苗木检疫,严禁病苗进入造林地。

选用未感染该病、土壤疏松、排水良好的沙壤土育苗。加强栽培管理,注意圃地卫生。起苗后清除土壤内病根;从无病母树上采接穗并适当提高采穗部位;中耕时防止伤根;及时防治地下害虫;嫁接尽量用芽接法,嫁接工具在 75% 酒精中浸 15 分钟消毒;增施有机肥如绿肥等。

如圃地已被病原污染,可用硫酸亚铁、硫磺粉 5～45 千克/667 米^2 进行土壤消毒。

大树得病后,可用利刀将其切除,再用 1% 硫酸铜溶液或 2% 石灰水消毒伤口,再用波尔多液保护。切下的病组织应集中烧毁。

(二)主要虫害的防治

1. 核桃云斑天牛 俗称铁炮虫、核桃天牛、钻木虫等。主要危害枝干,受害树有的主枝及中心干死亡,有的整株死亡,是核桃树的一种毁灭性害虫。该虫广泛分布于河北、安徽、江苏、山东等省。

(1)形态特征 成虫体长 32～65 毫米,宽 9～20 毫米,黑褐色,密被灰色绒毛。前胸背板中央有 1 对肾形白色毛斑。中央两侧各有 1 个刺突,鞘翅上有不规则的白斑,呈云片状,一般排列成 2～3 纵行。鞘翅基部密布光滑瘤状颗粒,占鞘翅的 1/4。雌虫触角略长于体,雄虫触角超过体长 3～4 节。

卵长圆形,黄白色,长椭圆形,长 8～9 毫米,略扁稍弯曲,表面坚韧光滑。

幼虫黄白色,体长 74～100 毫米,头扁平,深褐色,半缩于胸部,前胸背板为橙黄色,着生黑色点刻,两侧白色,其上有本位黄色半月牙形斑块。前胸的腹面排列有 4 个不规则的橙黄色斑块,从后胸至第七腹节背面各有"口"字形骨化区。

蛹长 40～70 毫米,乳白色至淡黄色。触角卷曲于腹部。

（2）发生规律及习性　该虫因地域不同,每年发生 1 代,或 2～3 年发生 1 代,以幼虫或成虫越冬,越冬幼虫翌年春季开始活动,危害皮层和木质部,并在蛀食的隧道内老熟化蛹,蛹羽化后从蛀孔飞出,5 至 6 月交配产卵,6 月中下旬为产卵盛期。卵期为 10～15 天,卵孵化后,幼虫先危害皮层,被危害处变黑,树皮逐渐胀裂,流出褐色液体。随着虫体增长,逐渐深入木质部危害,虫道弯曲,不断由蛀孔向外排出虫粪,堆积在树干周围。第一年,幼虫在虫道内越冬,来年继续为害。第二年,老熟幼虫在虫道顶端做蛹室。9 月下旬羽化,然后在蛹室越冬。第三年核桃树发枝时,成虫爬出,取食叶片及新梢嫩皮,昼夜飞翔,以晚间活动多,有趋光性。产卵前将树干表皮咬 1 个月牙形伤口,将卵产于皮层中间。卵多产在主干或粗的主枝上。每头雌虫产卵 40 粒左右。

（3）防治方法

捕杀成虫:利用成虫的趋光性,于 5～6 月份的傍晚,持灯到树下捕杀成虫;也可对树冠上的成虫可利用其假死性将其振落在地后捕杀。

人工杀卵和幼虫:在成虫产卵期间或产卵后,重点检查核桃树主干 2 米以下,发现产卵刻槽可用锤敲击,杀死卵或幼虫;发现排粪孔后,用铁丝将虫粪除净,然后用毒签或药棉球堵塞,并用泥土封好虫孔以毒杀幼虫。

涂白：秋冬季至成虫产卵前，可将生石灰、硫磺粉、食盐、水按10：1：0.5：40的比例充分混匀后涂于核桃树干基部 2 米以下，以阻止成虫产卵或杀死幼虫。

2. 刺蛾类 又名洋拉子、八角等，属鳞翅目，刺蛾科。幼虫取食叶片，仅留上表皮，叶片出现透明斑。3 龄后幼虫把叶片吃成许多小洞、缺刻，影响树势。幼虫体上有毒毛，触及人体会刺激皮肤发痒发痛。刺蛾的种类主要有黄刺蛾、绿刺蛾、褐刺蛾和扁刺蛾等，在全国均有发生。

（1）形态特征 主要刺蛾害虫形态特征见表 8-1。

表 8-1　主要刺蛾的形态特征

刺　蛾	成　虫	卵	幼　虫	茧
黄刺蛾	体长 13～17 毫米，呈黄色，前翅内半部黄色，外半部褐色，有两条暗褐色斜纹在翅尖汇合	椭圆形，扁平，淡黄色	长 16～25 毫米，呈黄绿色中间有紫斑块、两端宽、中间细、呈哑铃形，身体上有枝刺，刺上具毒	椭圆形，长 12 毫米左右，质地坚硬，灰白色，具黑褐色纵条纹
绿刺蛾	体长 12～17 毫米，呈黄绿色，头顶胸背皆绿色，前翅绿色，翅基棕色，近外缘有黄褐色宽带	扁椭圆形，翠绿色	体长约 25 毫米，呈黄绿色，背具 10 对刺瘤均着生毒毛，后胸亚背线毒毛红色，背线红色，前胸有 1 对突刺黑色，腹末有蓝黑色毒毛 4 丛	椭圆形，黑褐色
褐刺蛾	体长 17～19 毫米，灰褐色，前翅棕褐色，有两条深褐色弧形线，两线之间色淡，在外横线与臀角间有一紫铜色三角斑	扁平，椭圆形，黄色	体长 35 毫米，呈绿色，背面及侧面天蓝色，各体节刺瘤着生棕色刺毛，以第 3 胸节及腹部背面第 一、五、八、九节刺瘤最长	椭圆形，灰褐色

续表 8-1

刺蛾	成　虫	卵	幼　虫	茧
扁刺蛾	体长 15～18 毫米,体刺灰褐色,前翅棕灰色,有 1 条明显暗褐色斜线,线内色浅,后翅暗灰褐色	椭圆形,扁平	体长 26 毫米,黄绿色,背面稍隆起,背面白线,贯穿头尾,虫体两侧边缘有瘤状刺突各 10 个,第四节背面有一红点	长椭圆形,黑褐色

（2）发生规律及习性　黄刺蛾 1 年 1～2 代,以老熟幼虫在枝条分杈处或小枝条上结茧越冬。翌年 5～6 月化蛹,6 月中旬至 7 月中旬开始羽化。8 月中旬第一代成虫羽化产卵,第二代幼虫危害至 10 月份。

绿刺蛾 1 年 1～3 代,以老熟幼虫在树干基部结茧越冬。6 月上旬开始羽化。8 月是幼虫危害盛期。

褐刺蛾 1 年 1～2 代,以老熟幼虫在土中做茧越冬。

扁刺蛾 1 年 1～2 代,以老熟幼虫在树下土中作茧越冬。6 月上旬开始羽化。幼虫危害期在 8 月中下旬。

（3）防治方法　秋季结合修剪,铲出虫茧并深埋。成虫出现期,根据其趋光特性,每天用杀虫灯诱杀成虫。摘除群集危害的虫叶并立即埋掉或将幼虫踩死。

当初孵幼虫群聚未散时,摘除虫较集中的叶片并消灭。喷苏云金杆菌或青虫菌 500 倍液或 25％灭幼脲 3 号胶悬剂 1 000 倍液。

3. 核桃瘤蛾　又名核桃毛虫,为鳞翅目,瘤蛾科。幼虫危害叶片,是一种暴食性害虫,严重时可将核桃叶吃光,造成二次发芽,枝条枯死,树势衰弱,产量下降。主要分布于山西、河北、河南、陕西等省。

130

（1）形态特征　成虫体长8～11毫米，翅展19～24毫米，呈灰褐色。复眼黑色。前翅前缘至后缘有3条波状纹，基部和中部有3块明显的黑褐色斑。雄蛾触角羽毛状，雌蛾丝状。

卵扁圆形，直径约0.4毫米，初产时为白色，后变黄褐色。

幼虫体长约15毫米，头部暗褐色，腹部淡褐色，背部棕褐色，胸腹部第1～9节有色瘤，每节8个，后胸节背面有一淡色十字纹，腹部4～6节背面有白色条纹。胸足3对；腹足3对，着生在第四、五、六腹节上；臀足1对，着生在第十腹节上。

蛹长10毫米左右，黄褐色，椭圆形，越冬茧丝质黄白色，接触土粒后呈褐色。

（2）发生规律及习性　1年发生2代，以蛹茧在树冠下的石块或土块下、树洞中、树皮缝、杂草内越冬。翌年5月下旬开始羽化，6月上旬为羽化盛期。6月为产卵盛期，卵散产于叶背面主侧脉交叉处。幼虫3龄前在叶背面啃食叶肉，不活动，3龄后将叶吃成网状或缺刻，仅留叶脉，白天到两果交接处或树皮缝内隐避不动，晚上再爬到树叶上取食。第一代老熟幼虫下树盛期为7月中下旬，第二代下树盛期为9月中旬，9月下旬全部下树化蛹越冬。

（3）防治方法　在树干上绑草诱杀幼虫。利用老熟幼虫有下树化蛹的习性，可在树干周围半径0.5米的地面上堆集石块诱杀。

于幼虫发生危害期，喷洒50％杀螟松乳油1000倍液。

利用成虫的趋光性，可用黑光灯诱杀成虫。

4. 核桃举肢蛾　俗称核桃黑，属鳞翅目，举肢蛾科。主要危害果实，是造成核桃产量低、质量差的主要害虫。以幼虫蛀入幼果，使幼果皱缩，发黑，核桃仁发育不良，干缩。蛀蚀果柄，引起落果，造成核桃树产量大幅度下降，使果农经济效益大大受损，在我国山东、四川、贵州、山西、陕西、河南、河北等省核桃产区普遍发生。

（1）形态特征　成虫体长 5～8 毫米,翅长 13～15 毫米,黑褐色,有金属光泽,关胸部色较深,复眼红色。触角丝状,下唇须发达,银白色,前翅甚至翅端 2/3 处近前缘部分有一半月牙形的白斑,后缘 1/3 处有一近圆形白斑,翅面其他部分被黑褐色鳞粉。前后翅均有较长的缘毛。后足长于体。胫节和跗节被黑色毛束。

卵圆形或圆形,直径 0.3～0.4 毫米,初产乳白色,渐变黄白色,孵化前红褐色。

幼虫初孵时乳白色,头黄色,老熟时黄白色,体长 7～9 毫米。

蛹纺锤形,黄褐色,长 4～7 毫米。茧长椭圆形,褐色,在较宽的一端,有一黄白色缝合线,即羽化孔。

（2）发生规律及习性　1 年发生 1～2 代,该虫在山西省、河北省每年发生 1 代,河南省发生 2 代,在北京市、陕西省、四川省每年发生 1～2 代。以老熟幼虫在树冠下的土内或在杂草、石缝中或树皮缝中结茧越冬。翌年 5 月中旬至 6 月中旬化蛹。成虫发生期在 6 月上旬至 7 月上旬,羽化盛期在 6 月下旬至 7 月上旬。成虫交尾后,每头雌蛾能产卵 35～40 粒,卵 4～5 天孵化。幼虫孵化后即在果面爬行,寻找适当部位蛀果。初蛀入果时,孔外出现白色透明胶珠,后变为琥珀色。隧道内充满虫粪。被害果青皮皱缩,逐渐变黑,造成早期脱落。幼虫在果内危害 30～45 天,老熟后出果坠地,入土结茧越冬。早春干旱的年份发生较轻,羽化时,多雨潮湿,发生严重。管理粗放、树势较弱、较潮湿的环境发生较严重。

（3）防治方法　人工防治,结冻前彻底清除树冠下部枯枝落叶和杂草,刮掉树干基部老皮,集中烧掉。对树下土壤进行耕翻可消灭部分越冬幼虫。在幼果脱果前及时收埋或烧毁,提前采收被害果,减少下一年虫源。核桃举肢蛾对短波光趋性较强,可用黑光灯对核桃举肢蛾成虫进行引诱。

药剂防治,5 月下旬至 6 月上旬和 6 月中旬至 7 月上旬,为两个防治关键期。药剂可选择 5% 高效氯氰菊酯乳油 2 000～3 000

倍液、2.5% 溴氰菊酯乳油 2 000～3 000 倍液、50% 杀螟松乳油 1 000～2 000 倍液,每隔 10 天喷 1 次,连续喷 3 次效果较好。

5.核桃小吉丁虫 核桃小吉丁虫属鞘翅目吉丁虫科,是核桃树的主要害虫之一。全国各核桃产区均有发生。主要危害枝条,严重地区被害株率达 90% 以上。以幼虫蛀入 2～3 年生枝干皮层,或螺旋形串圈危害,故又称串皮虫。枝条受害后常表现枯梢,树冠变小,产量下降。幼树受害严重时,易形成小老树或整株死亡。

(1)形态特征 成虫体长 4～7 毫米,黑色,有金属光泽,触角锯齿状,头、前胸背板及鞘翅上密布小刻点,鞘翅中部内侧向内凹陷。

卵椭圆形,扁平,长约 1.1 毫米,初产卵乳白色,逐渐变为黑色。

幼虫体长 7～20 毫米,扁平,乳白色,头棕褐色,缩于第一胸节,胸部第一节扁平宽大,腹末有 1 对褐色尾刺。背中有 1 条褐色纵线。

蛹为裸蛹,初乳白色,羽化时黑色,长约 6 毫米。

(2)生活习性 该虫 1 年发生 1 代,以幼虫在 2～3 年生被害植株越冬。6 月上旬至 7 月下旬为成虫产卵期,7 月下旬到 8 月下旬为幼虫危害盛期。成虫喜光,树冠外围枝条产卵较多。使枝条生长弱,枝叶少。透光好的树受害严重,枝叶繁茂的树受害较轻。成虫寿命为 12～35 天。卵期约 10 天,幼虫孵化后蛀入皮层危害,随着虫龄的增长,逐渐深入到皮层危害,直接破坏输导组织。被害枝条表现出不同程度的落叶和黄叶现象,这样的枝条不能完全越冬。

(3)防治方法

物理防治:加强栽培管理,通过深翻改土,增施有机肥,适时追肥,合理间作及整形修剪等综合林业技术措施,增强树势,提高核桃树抗虫害能力。彻底剪除虫枝,消灭虫源。结合采收核桃,把受害枝条彻底剪除,或在发芽后成虫羽化前剪除,集中烧毁,以消灭虫源。诱饵诱杀虫卵。成虫羽化产卵期设置诱饵,诱集成虫产卵,再及时烧掉。

生物防治:核桃小吉丁虫有 2 种寄生蜂,自然寄生率为 16%～56%,释放寄生蜂可有效降低越冬虫口数,减少或减轻虫害。

化学药剂防治:在成虫发生期,结合防治核桃举肢蛾等害虫进行树冠药剂喷雾,7 天喷 1 次,连续喷 3 次,树冠上下、内外要喷均匀,若喷后下雨,雨后再补喷,用 10% 氯氰菊酯 2 000 倍液,或 1.8% 阿维菌素 4 000～6 000 倍液。

6. 核桃扁叶甲 又称核桃叶甲、金花虫,属鞘翅目,叶甲科,扁叶甲属。以成虫和幼虫取食叶片,食成网状或缺刻,甚至将叶全部吃光,仅留主脉,形似火烧,严重影响树势及产量,有的甚至造成全株枯死。主要分布于黑龙江、吉林、辽宁、河北、甘肃、江苏、山东等省。

(1)形态特征 成虫体长约 7 毫米,扁平,略成长方形,黑色,有金属光泽。前胸背板淡棕色,两侧为黄褐色,且点刻较粗。翅翘点刻粗大。

卵长 1.5～2.0 毫米,长椭圆形,橙黄色,顶端稍尖。

幼虫老熟幼虫体长 8～10 毫米,污白色,头和足黑色,胴部具暗斑和瘤状突起。

蛹墨黑色,胸部有灰白纹,腹部第 2～3 节两侧为黄白色,背面中央灰褐色。

(2)生活习性 1 年发生 1 代。以成虫在地面覆盖物中或树干基部皮缝中越冬。在华北成虫于 5 月初开始活动,云南省等地于 4 月上中旬上树取食叶片,并产卵于叶背,幼虫孵化后群集叶背取食,只残留叶脉。5～6 月为成虫和幼虫同时危害期。

（3）防治方法

人工防治：冬春季刮除树干基部老翘皮并烧毁，去除越冬成虫；4～5月成虫上树时，用黑光灯诱杀。

化学药剂防治：于4～6月喷10％氯氰菊酯8 000倍液防治成虫和幼虫，防治效果好。

7. 木 尺 蠖 又名小大头虫、吊死鬼，属于鳞翅目，尺蛾科。幼虫对核桃树危害很重。大发生年时，幼虫在3～5天内即可把全树叶片吃光，致使核桃减产，树势衰弱。受害叶出现斑点状半透明痕迹或小空洞。幼虫长大后沿叶缘吃成缺刻，或只留叶柄。主要分布于河北、河南、山东、山西、陕西、四川、台湾、北京等省、直辖市。

（1）形态特征 成虫体长18～22毫米，白色，头部金黄色。胸部背面具有棕黄色鳞毛，中央有一条浅灰色斑纹。翅白色，前翅基部有一个近圆形黄棕色斑纹。前后翅上均有不规则浅灰色斑点。雌虫触角丝状，雄虫触角羽状，腹部细长。腹部末端有黄棕色毛丛。

卵扁圆形，长约1毫米，翠绿色，孵化前为暗绿色。

幼虫老熟时体长60～85毫米，体色因寄主不同而有所变化。头部密生小突起，体密布灰白色小斑点，虫体除首尾两节外，各节侧面均有一个黄白色圆形斑。

蛹纺锤形，初期翠绿色，最后变为黑褐色，体表布满小刻点。颅顶两侧有齿状突起，肛门及臀棘两侧有三块峰状突起。

（2）生活习性 每年发生1代，以蛹在树干周围土中或阴湿的石缝或梯田壁内越冬。翌年5～8月冬蛹羽化，7月中旬为羽化盛期。成虫出土后2～3天开始产卵，卵多产于寄主植物树皮缝或石块中，幼虫发生期在7月至9月上旬。8月上旬至10月下旬老熟幼虫化蛹越冬。幼虫活泼，稍受惊动即吐丝下垂。成虫不活泼，喜晚间活动，趋光性强。5月降雨有利于蛹的生存，南坡越冬死亡率高。

（3）防治方法

人工防治：用黑光灯诱杀成虫或清晨人工捕捉，也可在早晨成虫翅受潮湿时捕杀；成虫羽化前在虫口密度大的地区组织人工于早春、晚秋挖蛹集中杀死。

化学药剂防治：幼虫孵化盛期，在树下喷 25% 西维因 600 倍液，或 50% 杀螟松乳油 800 倍液。

8. 草履蚧 又名草鞋蚧。我国大部分地区都有分布。该虫吸食汁液，致使树势衰弱，甚至枝条枯死，影响产量。被害枝干上有 1 层黑霉，受害越重黑霉越多。

（1）形态特征 雌成虫无翅，体长 10 毫米，扁平椭圆，灰褐色，形似草鞋。雌成虫长约 6 毫米，翅展 11 毫米左右，紫红色。触角黑色，丝状。

卵椭圆形，初产时黄白色，后变暗褐色，卵产于卵囊内，卵囊为白色绵状物。

若虫与雌成虫相似，但较小，色较深。

雄蛹圆锥形淡红紫色，长约 5 毫米，外被白色蜡状物。

（2）生活习性 1 年发生 1 代，以卵在树干基部土中越冬。卵的孵化早晚受温度影响。初龄若虫行动迟缓，天暖上树，天冷回到树洞或树皮缝隙中隐蔽群居，最后到一二年生枝条上吸食危害。雌虫经三次蜕皮变成成虫，雄虫第二次蜕皮后不再取食，下树在树皮缝、土缝、杂草中化蛹。蛹期 10 天左右，4 月下旬至 5 月上旬羽化，与雌虫交配后死亡。雌成虫 6 月前后下树，在根颈部土中产卵后死亡。

（3）防治方法

人工防治：在若虫未上树前于 3 月初树干基部刮除老皮，涂宽约 15 厘米的黏虫胶带，黏胶一般配法为废机油和石油沥青各 1 份，加热熔化后搅匀即成，如在胶带上再包 1 层塑料布，下端呈喇叭状,防治效果更好;若虫上树前,用 6% 的柴油乳剂喷洒根颈部周围土壤;采果至土壤结冻前或翌年早春进行树下耕翻,可将草履蚧消灭在出土前,耕翻深度约 15 厘米,范围稍大于树冠投影面积;5 月下旬雌虫下树期间,在树基处挖 70~100 厘米的圆坑,放入树叶杂草,雌虫下树钻入草内产卵,集中消灭成虫。

药剂防治:草履蚧若虫上树后,可在草履蚧若虫大多处于一龄期时,用高效氯氰菊酯乳油 1 500 倍液或 10% 的吡虫啉可湿性粉剂 1 500 倍液均匀喷洒树体与地面进行防治,同时对发生区以外 500 米范围内喷药,防止害虫扩散蔓延。

9. 核桃缀叶螟 又名卷叶虫,为鳞翅目,螟蛾科。以幼虫卷叶取食危害,严重时把叶吃光,影响树势和产量。分布于全国各核桃产区。

(1)形态特征 成虫体长约 18 毫米,翅展 40 毫米。全身灰褐色。前翅色深,稍带淡红褐色,有明显的黑褐色内横线及曲折的外横线,横线两侧靠近前缘处各有黑褐色斑点 1 个,外缘翅脉间各有黑褐色小斑点 1 个。前翅前缘中部有一黄褐色斑点。后翅灰褐色,越接近外缘颜色越深。雄蛾前翅前缘内横线处有褐色斑点。

卵球形,呈鱼鳞状集中排列卵块,每卵块有卵 200~300 粒。

老熟幼虫体长约 25 毫米。头及前胸背板黑色有光泽,背板前缘有 6 个白点。全身基本颜色为橙褐色,腹面黄褐色,有疏生短毛。

蛹长约 18 毫米,暗褐色。茧扁椭圆形,长约 18 毫米,形似柿核,红褐色。

(2)生活习性 1 年 1 代,以老熟幼虫在土中做茧越冬,距树干 1 米范围内最多,入土深度 10 厘米左右。6 月中旬至 8 月上旬为化蛹期,7 月上中旬开始出现幼虫,7~8 月为幼虫危害盛期。成虫白天静伏,夜间活动,将卵产在叶片上初孵幼虫群集危害,用丝黏结很多叶片成团,幼虫居内取食叶正面果肉,留下叶脉和下表皮呈网状;老幼虫白天静伏,夜间取食。一般树冠外围枝、上部枝受害较重。

(3)防治方法

人工防治:于土壤封冻前或解冻后,在受害根颈处挖虫茧,消灭越冬幼虫;7～8月幼虫危害盛期,及时剪除受害枝叶,消灭幼虫。

药剂防治:7月中下旬,选用灭幼脲3号2 000倍液或杀螟杆菌(50亿/克)80倍液或50％杀螟松乳剂1 000～2 000倍液,或用25％西维因可湿性粉剂500倍液喷树冠,防治幼虫效果很好。

10. 铜绿金龟 又名铜绿金龟子、青铜金龟、硬壳虫等,属于鞘翅目,丽金龟科。可危害多种核桃。幼虫主要危害根系,成虫则取食叶片、嫩枝、嫩芽和花柄等,将叶片吃成缺刻或吃光,影响树势及产量,在全国各地均有分布。

(1)形态特征 成虫长约18毫米,椭圆形,铜绿色具有金属光泽。额头前胸背板两侧缘黄白色。翅翘有4～5条纵隆起线,胸部腹面黄褐色,密生细毛。足的胫节和趾节红褐色。腹部末端两节外露。卵初产时乳白色,近孵化时变成淡黄色,圆球形,直径约1.5毫米。幼虫体长约30毫米,头部黄褐色,胸部乳白色,腹部末节腹面除沟状毛外,有两列针状刚毛,每列16根左右。蛹长椭圆形,长约18毫米,初为黄白色后变为淡黄色。

(2)生活习性 1年发生1代。以幼虫在土壤深处越冬,翌年春季幼虫开始危害根部,5月化蛹,成虫出现期为5～8月,6月是危害盛期。成虫常在夜间活动,有趋光性。

(3)防治方法 人工防治,成虫大量发生期,因其具有强烈的趋光性,可用黑光灯诱杀;也可用马灯、电灯、可充电电瓶灯诱杀。方法是:取1个大水盆(口径52厘米最好),盆中央放4块砖,砖上铺1层塑料布,把马灯或电瓶灯放到砖上,并用绳与盆的外缘固定好,以防风吹灯倒,用电灯时直接把灯泡固定在盆上端10厘米处。为防止金龟子从水中爬出,在水中加少许农药,或将糖、醋、白酒、水按 1∶3∶2∶20 的比例配成液体,加入少许农药制成糖醋液,装入罐头瓶中(液面达到瓶的 2/3 为宜),挂在核桃园进行诱杀。

利用成虫的假死性,人工振落捕杀。

自然界中许多动物都有忌食同类尸体并厌避其腐尸气味的现象,利用这一特点驱避金龟子。方法是:将人工捕捉的或灯光诱杀的金龟子捣碎后装入塑料袋中密封,置于日光灯下或高温处使其腐败,一般经过 2～3 天塑料袋鼓起且有臭鸡蛋气味散出时,把腐败的碎尸倒入水中,水量以浸透为度。用双层布过滤 2 次,用浸出液按 1∶(150～200)的比例喷雾。此法对于幼树、苗圃效果特别好,喷后被害率低于 10%。

保护利用天敌:铜绿金龟的天敌有益鸟、刺猬、青蛙、寄生蝇、病原微生物等。

11. 大青叶蝉 又名浮尘子、大绿叶蝉、青叶跳蝉等,属同翅目,叶蝉科。在全国各地多有发生。在果树上刺吸危害枝条和叶片,但危害作用最大的是成虫成群结队地在果树当年枝条皮层内产卵,产卵器刺破枝条表皮,使枝条表皮成月牙状翘起,破坏皮层,造成水分大量散失,抗寒能力下降,影响冬芽萌发或整段枯死。对幼树的危害尤其明显。危害轻者造成树势衰弱,严重时使全株死亡。

(1)形态特征 雌虫体长 9.4～10.1 毫米,头宽 2.4～2.7 毫米;雄虫体长 7.2～8.3 毫米,头宽 2.3～2.5 毫米。头部正面淡褐色,两颊微青,在颊区近唇基缝处左右各有 1 小黑斑;触角窝上方、两单眼之间有 1 对黑斑。复眼绿色。前胸背板淡黄绿色,后半部深青绿色。小盾片淡黄绿色,中间横刻痕较短,不伸达边缘。前翅绿色带有青蓝色泽,前缘淡白,端部透明,翅脉为青黄色,具有狭窄的淡黑色边缘。后翅黑色,半透明。腹部背面蓝黑色,两侧及末节为淡橙黄带有烟黑色,胸、腹部腹面及足为橙黄色。

卵白色微黄,长卵圆形,长 1.6 毫米、宽 0.4 毫米,中间微弯曲,一端稍细,表面光滑。

若虫初孵化时为白色,微带黄绿,头大腹小,复眼红色,2～6小时后,体色渐变淡黄、浅灰或灰黑色。3 龄后出现翅芽。老熟若虫体长 6～7 毫米,头冠部有 2 个黑斑,胸背及两侧有 4 条褐色纵纹直达腹端。

(2)生活习性　在北方 1 年发生 3 代,第一、二代在农作物和蔬菜上危害,第三代成虫迁移到果树产卵,并以卵越冬。第三代成虫产卵于果树 1～2 年生枝条上,产卵器刺破表皮,形成月牙形伤口,每个伤口内有卵 7～10 粒。春季果树萌芽时孵化为幼虫,在杂草、农作物、蔬菜上危害。若虫期 22～47 天,第一代成虫 5 月下旬开始发生,6～8 月为第二代成虫发生期。8～11 月出现第三代成虫,各代重叠发生,10 月中旬后则转移到果树上产卵过冬,10月下旬为产卵盛期。每雌虫可产卵约 50 粒左右,夏季卵期 9～15天,越冬卵,卵期 5 个月以上,成虫喜在潮湿背风处栖息,在早晨或黄昏气温低时,成虫、若虫多潜伏不动,午间气温高时较为活跃。

(3)防治方法

人工防治:果园除草,杂草茂盛,为大青叶蝉的第三代生长及由杂草转向果树创造了条件;可翻园压绿或喷除草剂;有条件的果园,用灯光诱杀第一、二代成虫;1～5 年生幼树园,当第三代成虫产卵前,可在枝干枝条上涂白。涂白剂配方:石硫合剂、食盐、黏土各 1 份,生石灰 5 份,水 20 份,再加少量杀虫剂。对于必须保留的被害枝梢,在卵孵化前用手压卵。

药剂防治:在第三代成虫向果树转移前喷药,自 9 月下旬至10 月上旬每隔 10 天左右喷 1 遍药,效果较好;对果树、间作物、诱集物、杂草同时喷药,可选用 6% 吡虫啉乳油 3 000～4 000 倍液、5% 啶虫脒乳油 5 000～6 000 倍液。

12. 核桃横沟象 又名核桃黄斑象甲、根象甲,属鞘翅目,象甲科昆虫,是核桃主要害虫之一。主要以幼虫在根颈部韧皮层中串食危害为主,幼虫刚开始危害时,根颈皮层不开裂,开裂后虫粪和树液流出,根颈部有大豆粒大小的成虫羽化孔。受害严重时,皮层内多数虫道相连,充满黑褐色粪粒及木屑,被害树皮层纵裂,并流出褐色汁液。由于该虫在核桃树根颈部皮层中串食,破坏了树体的输导组织,阻碍了水分和养分的正常运输,致使树势衰弱,核桃减产,甚至树体死亡。主要分布于陕西、河南、云南、四川等省。

(1)形态特征 成虫体黑色,体长 12～16 毫米,宽 5～7 毫米,头管长约为体长的 1/3,触角着生在头管前端,膝状。复眼黑色,胸背密布不规则的点刻。翅鞘点刻排列整齐,翅鞘的一半处各着生 3～4 丛棕色绒毛,近末端处着生 6～7 丛棕褐色绒毛,两足中间有明显的杜红色绒毛,跗节顶端着生尖锐钩状刺。

卵椭圆形,长 1.4～2.0 毫米、宽 1.0～1.3 毫米,初产生时为乳白色或黄白色,逐渐变为米黄色或黄色。

幼虫体长 14～20 毫米,弯曲,肥壮,多皱褶,黄白或灰白色,头部棕褐色。口器黑褐色。前足退化处有数根绒毛。

蛹长 14～17 毫米,裸蛹,黄白色,末端有 2 根褐色臀刺。

(2)生活习性 在陕西省、河南省、四川省为 2 年发生 1 代。以成虫及幼虫越冬。越冬成虫翌年 3 至 4 月下旬开始活动,4 月日平均气温 10℃ 左右时上树取食叶片和果实等进行补充营养,5月为活动盛期,6 月上中旬为末期。受害叶被吃成长 8～17 毫米,宽 2～11 毫米的长椭圆形孔。果实被吃出长 9 毫米、宽 5 毫米的椭圆形孔,深达内果皮,影响树势及果实发育。还危害芽及幼枝嫩皮。

越冬成虫能多次交尾,6 月上中旬下树将卵散产在根颈 1～10 毫米深的皮缝内,产卵前咬成直径 1.0～1.5 毫米圆孔,产卵于孔内,然后用喙将卵顶到孔底,再用树皮碎屑封闭孔口。9 月份产卵完毕,成虫逐渐死亡,成虫寿命 430～464 天以上。每个雌虫一生最多可产卵 111 粒。

卵 6 月上旬开始孵化,卵期 7～11 天。在适宜的温、湿度下,随着气温升高,卵期缩短。在裸露干燥的环境下,卵不能孵化,2～3 天后干死。幼虫孵出 1 天后,开始在产卵孔取食树皮,随后蛀入韧皮部与木质部之间。90％ 幼虫在根颈地下蛀食,最深可达 45 厘米,一般多在表土下 5～20 厘米深处的根皮危害;距树干基部 140 厘米远的侧根也普遍受害;少数幼虫沿根颈皮层向上取食,最高可达 29 厘米长,但此类虫多被寄生蝇致死。虫道弯曲,纵横交叉,虫道内充满黑褐色粪粒及木屑,虫道宽 9～30 毫米,被害树皮纵裂,并流出褐色汁液。严重时 1 株树有幼虫 60～70 头,甚至上百余头,将根颈下 30 厘米左右长的皮层蛀成虫斑,随后斑与斑相连,造成树干环割,有时整株枯死。

幼虫危害期长,每年 3～11 月均能蛀食,12 月至次年 2 月为越冬期,当年以幼龄幼虫在虫道末端越冬,第二年以老熟幼虫越冬。经越冬的老熟幼虫,4 月下旬当地温度 17℃ 左右时,在虫道末端蛀成长 20 毫米,宽 9 毫米的蛹室蜕皮化蛹,5 月下旬为化蛹盛期,7 月下旬为末期,蛹期 17～29 天。

成虫于 5 月中旬(四川省)或 6 月中旬(陕西省)日平均气温达 15.4℃ 时开始羽化,6 月上旬或 7 月上旬为羽化盛期,8 月中下旬羽化结束。初羽化的成虫不食不动,在蛹室内停留 10～15 天,然后咬孔径 6～9 毫米的羽化孔;出蛹室上树进行补充营养,主要取食根颈部皮层,也食害叶片。交尾多在夜间,可交尾多次。在四川省于 8～9 月产部分卵,直到 10 月成对或数个在一起进入核桃树根颈部皮缝越冬。成虫爬行快,飞翔能力差,仅做短距离飞行,有假死性和弱趋光性。

此虫食性单一,除危害核桃树外,尚未发现危害其他树种。危害程度与环境因子有关,一般在土壤瘠薄、干燥环境生长衰弱的树木受害轻,在土层肥厚处生长健壮的树反而受害严重;幼树、老树受害轻,中龄树受害重;随着海拔升高,成虫出现时间推迟,危害也减轻。

(3)防治方法

营林措施:清洁园内卫生,集中烧毁虫枝、虫果、虫叶,减少虫源、整枝修剪、加强土肥水管理等科学管理措施,增强树势,提高核桃抗虫能力。

人工防治:①根颈处涂石灰浆,成虫产卵前,将根颈部土壤扒开,然后涂抹石灰浆后进行封土,阻止成虫在根颈上产卵,防治效果很好,达 95% 以上;②冬季挖开根颈泥土,刮去根颈粗皮,在根部灌入人粪尿,然后封土,杀虫效果也很显著;③冬季结合垦复树盘,挖开根颈泥土,刮去根颈粗皮,降低根部湿度,造成不利环境条件,使其幼虫死亡。

生物防治:利用寄生蝇、黄蚂蚁、黑蚂蚁、白僵菌等天敌抑制核桃横沟象的发生与发展口,在 6~8 月成虫发生期,用 2 亿/毫升白僵菌液防治成虫。

化学药剂防治:①林内施放烟剂防治,应用敌敌畏烟剂防治核桃横沟象,防治效果显著,特别是缺少水源的山地,施烟防治是理想的防治措施;② 6~8 月份成虫发生期,结合防治核桃举肢蛾,喷 50% 三硫磷乳油 1 000 倍液、50% 杀螟松乳油 1 000 倍液。

13. 核桃根结线虫　核桃根结线虫病是线虫引起的病害,植株根部受害后,先在须根及根尖处形成小米和绿豆大小的瘤状物,随后侧根也出现大小不等、表面粗糙的圆形瘤状物,褐色至深褐色。瘤块内有白色粉状物即线虫雌虫,梨形。发病轻时地上部症状不明显;重时根部根结量增多,瘤块变大、发黑、腐烂,使根系的根量明显减少,须根不发达,影响根的吸收机能。在地上部局部表现为顶芽、花芽坏死,茎叶卷曲或组织坏死以及形成叶瘿;全株表现为生长衰弱,矮小,发育缓慢,叶色变淡,叶片萎黄乃至整株死亡。由于地上部症状有类似肥水营养不良的现象,尤其在丘陵瘠薄山地发病的幼龄核桃更容易误认为是营养不良所致,往往耽误防治,严重影响核桃的生长和结实。核桃根结线虫病分布比较广泛。

(1)形态特征　　根结线虫为雌雄异体。幼虫呈细长蠕虫状。雄成虫线状,尾端稍圆,无色透明,大小(1.0~1.5)毫米×(0.03~0.04)毫米。雌成虫梨形,多埋藏在寄主组织内,大小(0.44~1.59)毫米×(0.26~0.81)毫米。卵囊通常为褐色,表面粗糙,常附着许多细小的沙粒。每头雌线虫可产卵 300~800 粒。

二龄幼虫:虫体蠕虫状、体环细。头架中等发达,头冠低、平或稍微凹陷;唇区光滑,无环纹或不明显;口针纤细、直,口针基部球小、圆。

卵:椭圆形,产于胶质卵囊中,胶质层薄,卵囊产于根内,不外露,可直接在根内孵化。

(2)生活习性　　根结线虫本身移动能力很小,主要是通过苗木、土壤、肥料和灌溉水传播。根结线虫多分布在 0~20 厘米深的土壤内,特别是 3~9 厘米深的土壤中线虫数量最多,幼虫、成虫及遗落的卵均可在土中越冬,2 龄幼虫侵入寄主后,在根皮和中柱之间危害并刺激根组织过度生长,形成根瘤。1 年可进行数次侵染。成虫在土温 25℃~30℃、土壤相对湿度 40%~70%时,生长发育最适宜。幼虫一般在 10℃ 以下即停止活动,55℃时 10 分钟死亡。感病时间越长,根结线虫越多,发病越重。在无寄主条件下可存活 1 年。

(3)防治方法

加强田间管理:深耕土地,将表土翻至 25 厘米以下,深翻后增施腐熟有机肥,如鸡粪、棉籽饼(不施用未腐熟的带线虫的有机肥,可减轻线虫为害和发生);及时观察,一旦发现有根结线虫发生,要及时清除病残体,挖出病土、病根。

物理防治：严格进行苗木检疫，拔掉病株并烧毁；选用无线虫土壤育苗，轮作不感染此病的作物 1～2 年；避免在种过花生、芝麻、楸树的地块上育苗；深翻土壤可减轻病情。

　　化学药剂防治：可用溴甲烷、氯化苦或甲醛喷洒土壤或熏蒸土壤，用 80％ 二溴丙烷乳剂、二溴乙烷、50％ 壮棉氮、克线磷等农药均有一定防治效果，可采用穴施、沟施等防治方法。使用药剂时一定要注意使用说明。

第九章　植物检疫与农业防治

一、植物检疫防治

植物检疫就是一个国家或地方政府通过立法手段和先进的科技手段防止危险性病、虫、杂草的传播蔓延。危险性病、虫、杂草是指主要通过人类的经济活动和社会活动进行传播，传入后一旦蔓延将给整个生态系统带来严重后患并且极难防治的病、虫、杂草。根据《中华人民共和国进出境动植物检疫法实施条例》规定，进出境动植物检疫的范围包括五个方面：（1）进境、出境、过境的动植物、动植物产品和其他检疫物；（2）装载动植物、动植物产品和其他检疫物的容器、包装物、铺垫材料；（3）来自动植物疫区的运输工具；（4）进境拆解的废旧船舶；（5）有关法律、行政法规、国际条约或者贸易合同约定应当实施进出境动植物检疫的其他货物、物品。

按《中华人民共和国进出境动植物检疫法》（以下简称《检疫法》）规定，不论是入境的还是出境的动物、植物产品及其他检疫物，都要进行审批和报检。检疫方法分为：产地检疫，现场检疫，室内检疫，隔离检疫等。检疫结果的处理包括：检疫放行，除害处理，销毁或退回，检疫特许审批等

（一）植物检疫的意义

由于受到地理条件（如：高山、海洋、沙漠等）的阻隔，植物病、虫、杂草的自然传播距离有限，而人的活动（如植物繁殖材料、产品的远距离调运）为危险性病、虫、杂草的远距离传播提供了机会，从

· 146 ·

而给调入地农业生产带来了潜在威胁。检疫性有害生物一旦传入新的地区,倘若遇到适宜的发生条件,往往造成比原产地更大的危害,因为新疫区的生态系统中还没有对新传入有害生物的控制因素。植物检疫是通过法律、行政和技术的手段,防止危险性植物病虫草及其他有害生物的人为传播,保障农业生产安全,促进贸易发展的有效措施,也是当今世界各国政府普遍实行的一项制度。一经发现检疫对象就要积极组织开展疫情监测调查及销毁控制和扑灭铲除工作。

(二)植物检疫的主要任务

植物检疫的任务主要有三个方面:

第一,禁止危险性病虫害随着植物及其产品由国外传入或国内输出,这是检疫的任务。对外检疫一般是在口岸、港口、国际机场等场所设立机构,对进出口货物、旅客的植物及邮件等进行检查。出口检疫工作也可以在产地设立机构进行检疫。

第二,将在国内局部地区已发生的危险性病、虫、杂草实行封锁,使其不能传到无病区,并在疫区把它消灭,这就是对内检疫。对内检疫工作由地方设立机构进行检查。

第三,当危险性病、虫、杂草一旦到新的地区时,应立即采取彻底消灭的措施。危害植物的病、虫、杂草种类很多,分布甚广;而植物及植物产品很多,调运情况又极其复杂:所以植物检疫不可能也不必要把所有病、虫、杂草都作为实施检疫的对象。检疫对象是根据以下原则确定的:国内尚未发生的或局部发生的病、虫及杂草。

(三)植物检疫的措施

1. 禁止入境　针对危险性极大的有害生物,严格禁止可传带该有害生物的活植物、种子、无性繁殖材料和植物产品入境。土壤可传带多种危险性病原物,也被禁止入境。

2. 限制入境　提出允许入境的条件,要求出具检疫证书,说明入境植物和植物产品不带有规定的有害生物,其生产、检疫检验和除害处理状况符合入境条件。此外,还常限制入境时间、地点,入境植物种类及数量等。

3. 调运检疫　对于在国家间和国内不同地区间调运的应实行检疫的植物、植物产品、包装材料和运载工具等,在指定的地点和场所(包括码头、车站、机场、公路、市场、仓库等)由检疫人员进行检疫检验和处理。凡检疫合格的,签发检疫证书,准予调运;不合格的必须进行除害处理或退货。

4. 产地检疫　种子、无性繁殖材料在其原产地,农产品在其产地或加工地实施检疫和处理。这是国际和国内检疫中最重要和最有效的一项措施。

5. 国外引种检疫　引进种子、苗木或其他繁殖材料,须事先经审批同意,检疫机构提出具体检疫要求、限制引进数量,引进后除施行常规检疫外,尚必须在特定的隔离苗圃中试种。

6. 旅客携带物、邮寄和托运物检疫　国际旅客入境时携带的植物和植物产品须按规定进行检疫。国际和国内通过邮政、民航、铁路和交通运输部门邮寄、托运的种子、苗木等植物繁殖材料以及应实施检疫的植物和植物产品等须按规定进行检疫。

7. 紧急防治　对新侵入和核定的病原物与其他有害生物,必须利用一切有效的防治手段,尽快扑灭。我国国内植物检疫规定,已发生检疫对象的局部地区,可由行政部门按法定程序定为疫区,采取封锁、扑灭措施。还可将未发生检疫对象的地区依法划定为保护区,采取严格保护措施,防止检疫对象传入。

二、农业防治

　　农业防治是为了防治病、虫、草害所采取的农业技术综合措施、调整和改善作物的生长环境,以增强作物对病、虫、草害的抵抗力,创造不利于病原物、害虫和杂草生长发育或传播的条件,以控制、避免或减轻病、虫、草的危害。主要措施有选用抗病、虫品种,调整品种布局、选留健康种苗、轮作、深耕灭茬、调节播种期、合理施肥、及时灌溉排水、适度整枝打杈、搞好田园卫生和安全运输贮藏等。农业防治如能同物理、化学防治等配合进行,可取得更好的效果。

(一)培养健康苗木

苗木是核桃树生产的物质基础。没有核桃苗木,核桃生产就无从谈起。核桃苗木的质量好坏,直接影响到核桃园的建立速度与质量,以及以后核桃园的丰产性能及经济效益。只有品种优良,生长健壮,规格一致的良种壮苗,才能保证核桃树生产的需要。有些病害是通过核桃苗木、接穗、种子等传播的,对于这些病害的防治主要是通过培育健壮的苗木。

(二)搞好果园卫生

果园内的枯枝落叶、病虫果和杂草等带有大量的病菌和虫卵,这些病菌和虫卵随枝叶落入土中,如不及时清理,翌年会继续危害果树。因此,要及时清扫、处理果园中的枯枝落叶、病虫果和杂草等。

第一,清除残枝落叶及杂草并集中烧毁。

第二,及时清理地面、树体上的病虫果,集中埋入土中 30 厘米以下。

第三,清除因病虫危害致死的植株。

(三)重视合理修剪

树体修剪是核桃栽培管理中的重要环节,也是病虫害防治的主要措施之一。合理修剪,可以调节树势,优化树体营养分配,促进树体生长发育,改善通风透光条件,增强树体抗病力,从而达到防止病菌侵害的目的。修剪还可以去除病枝等,以减少病原数量,但是剪口也是病菌侵入的途径,如果剪刀上沾有病菌很容易使健康的核桃树受侵染。因此,每次修建完毕要对剪刀进行消毒,除去修剪过程中沾染的病菌。

(四)科学施肥和排灌

加强肥水管理,可以提高核桃树的营养状况,提高树体抗病能力,达到壮树抗病的目的。核桃园施肥时,结合秋季核桃园施肥深翻,以施腐熟的有机肥为主。6 月以后以追施磷、钾肥为主,配方施适量氮肥,在 8 月喷施 0.2%～ 0.3% 磷酸二氢钾溶液,以提高木质化程度。

核桃树以田间持水量的 60%～80% 时最有利于核桃树生长,若土壤水分不足时应适时灌水,以浸湿土层 0.8～1.0 米厚为宜。夏季降水较多,应做好排涝工作。秋季要尽量少灌水,使土壤适当干旱,促进枝条木质化,以增强其越冬能力。另外,在土壤冻结前要灌足封冻水,使树体吸足水分,减少抽条。特别是秋季下雨多时,核桃园积水,造成核桃树烂根和落果,枝条徒长,木质化程度差,易产生抽条。所以,核桃园中要规划明暗沟排水系统,及时排水,这样可避免因涝灾造成核桃树抽条以致核桃树死亡。

(五)适时采收和合理贮运脱青皮

收获果实是核桃栽培的主要目的,如不适时采收不仅影响核桃果实的产量,还会影响种仁质量。采收过早,青皮不易剥离,种仁不饱满,出仁率低,加工时出油率低,而且不耐贮藏。提前 10 天以上采收时,坚果和核仁的产量分别降低 12% 和 34% 以上,脂肪含量降低 10% 以上。过晚采收,则果实易脱落,同时果实青皮开裂后停留在树上时间过长,也会增加受霉菌感染的机会,导致坚果品质下降。此外,深色核仁比例增加,也会影响种仁品质;脱青皮容易造成坚果破裂,直接影响储存和运输过程中坚果病害的发生和危害程度。

(六)农药使用标准

农药在核桃生产上必不可少,它是防控农业有害生物的主要方法。目前,农产品质量安全已受到所有消费者越来越多的关注。农药是重要的农业生产资料,但它同时又是有毒有害物质。科学、合理、安全使用农药不仅关系到农业生产的稳定发展,也关系到广大人民群众的身体健康,关系到人类赖以生存的自然环境。

1. 防治病虫,科学用药 对病、虫、草等,要采用综合防治(IPM)技术,充分了解病虫害发生规律,做到提前预防。病虫害的发生都需要一个过程,应该在发生初期进行防治,不要等到危害严重了才开始重视,应以不受经济损失或不影响产量为防治标准。要按照植保技术部门的推荐用药,在适宜施药时期,使用经济有效的农药剂量,采用正确施药方法施药。不得随意加大施药剂量和改变施药方法。

2. 适时、适量用药,避免残留 要掌握好农药的使用剂量,严格按照使用说明提供的剂量使用农药。有的人为了达到效果而增加用药量,不但造成农药浪费,而且还容易产生药害,增加核桃中的农药残留量,污染环境,影响食用者的身体健康。减少用药量,则达不到预期的效果,不但浪费农药,而且误工误时。使用农药时要几种农药交替使用,不要长期使用单一品种的农药,要尽量使用复配农药。长期使用单一药剂,容易引起病虫群体抗药性,造成果园病虫害的发生与药剂用量的恶性循环,最终导致核桃果实中的农药残留超标。

农药安全间隔期是指最后一次施药至作物收获时的间隔天数。施用农药前,必须了解所用农药的安全间隔期,施药时间必须在农作物的安全间隔期内,保证农产品采收上市时农药残留不超标。

3. 保护天敌,减少用药　田间瓢虫、草蛉、蜘蛛等天敌数量较大时,充分利用其自然控制害虫的作用。应选择合适农药品种,控制用药次数或改进施药方法,避免大量杀伤天敌。

4. 禁止使用剧毒农药　自 2007 年 1 月 1 日起,我国全面禁止甲胺磷、对硫磷、甲基对硫磷、久效磷和磷胺等 5 种高毒有机磷农药在农业上的使用。瓜果、蔬菜、果树、茶叶、中药材等作物,严禁使用高毒、高残留农药,以防食用者中毒。严禁使用的高毒农药品种有甲胺磷、氧乐果、甲拌磷、对硫磷、甲基对硫磷、水胺硫磷、毒死蜱、敌敌畏、三唑磷、乙酰甲胺磷、杀螟硫磷等 11 种。克百威、涕灭威、甲拌磷、甲基异硫磷等剧毒农药,只准用于拌种、工具沟施或戴手套撒毒土,严禁喷施。

(七)核桃病虫害的生物防治

生物防治是指利用有益生物或生物制剂来防治害虫。通俗地讲就是以虫治虫,以菌治虫,以鸟治虫。比如利用鸟防止森林害虫,利用赤眼蜂来防止棉铃虫。采用生物防治要比化学防治更优越。原因是不使用农药,防治效果好,不污染环境,因此具有广阔的应用前景。

1. 保护和利用天敌　核桃园中的害虫天敌,大约有 200 多种,常见的也有 10 多种。在果园生态系统中,物种之间存在着既相互制约、又相互依存的关系。由于害虫自然天敌的存在,一些潜在的害虫受到抑制,能使果园虫害种群数量维持在危害水平之下,不表现或无明显的虫害特征。因此,在果园中害虫的天敌对害虫的密度和蔓延,起到了减少和抑制的作用。在无公害果品生产中,应尽量发挥天敌的自然控制作用,避免采取对天敌有伤害的病虫防治措施,尤其要限制有机合成农药的使用。同时,要改善果园生态环境,保持生物多样性,为天敌提供转换寄主和良好的繁衍场所。在使用化学农药时,要尽量选择对天敌伤害小的农药。秋季天敌越冬前,在枝干上绑草把、旧报纸等,为天敌创造一个良好的越冬场所,诱集果园周围作物上的天敌来果园越冬。冬季刮树皮时,注意保护翘皮内的天敌,生长季节将刮掉的树皮妥为保存,放进天敌释放箱内,让寄生天敌自然飞出,增加果园中天敌的数量。

(1)捕食性天敌

①瓢虫　幼虫和成虫都以害虫为食物,成虫身体有硬鞘,体型似瓢,故名瓢虫。翅鞘和胸背面有条纹或圆斑。幼虫略呈长纺锤形,尾端较尖,灰黑色,只有胸足,无腹足。有些虫类还长有刺毛,体背面有红斑。

②草蛉　成虫和幼虫都以害虫为食物。成虫体长 9~15 毫米,体绿色,翅透明,复眼较大,黑色,有金黄色光泽。触动后分泌特殊恶臭。卵有一丝连于叶片上,卵粒椭圆形,很小。幼虫略呈纺锤形,长 10~12 毫米,灰褐色,头部有对发达的大触角,伸向前方。有胸足,无腹足。草蛉是多食性昆虫,主要以蚜虫、介壳虫、红蜘蛛等为食物。

③食虫蝽象　以捕食害虫为食物的蝽象种类很多,统称为食虫蝽象。成虫长约 2 毫米,体暗褐色。成虫和若虫均以害虫为食,能吸食蚜虫、红蜘蛛、网蝽、叶蝉以及一些鳞翅目害虫的卵。

④捕食性螨　捕食性螨即肉食性螨。在核桃叶背面主脉旁常见有污白色略呈椭圆形有光亮的螨。以核桃红蜘蛛为食。对控制核桃红蜘蛛的发生起到了很大的作用。

(2)寄生性天敌

①寄生蜂　成虫把卵产在虫卵或虫体中,幼虫就在其中生活,寄主并不立即死去,继续生长发育,寄生蜂幼虫也随之长成。当寄

生蜂老熟时寄主体躯或被消耗殆尽早已死去,或已奄奄一息自行死亡。由于有些寄生蜂身体很小,寄生在昆虫的卵中,也有的寄生在幼虫身上,因此对核桃苗害虫起着很大的灭杀作用。

②寄生蝇　成虫将卵产在虫体的表皮或刺毛上。幼虫孵化后钻入体内,随寄主的生长而长成,老熟后钻出体外或仍在体内羽化,从而消灭害虫,这对控制核桃苗的根象甲有一定作用。

2. 利用微生物或其代谢产物防治病虫　在自然界害虫常因感染了真菌、细菌、病毒而死亡。人们利用这一特性,将这些微生物经过人工培养,制成菌剂防治害虫,可以收到显著的效果。从当前核桃苗害虫防治工作中的生物防治来看,其内容包括了自然界天敌对害虫的控制,和人为释放天敌消灭害虫,以及使用菌剂防治害虫。核桃苗产区自然界的天敌资源非常丰富,从而抑制了很多害虫大发生,或是使一些害虫形成周期性大发生。这对核桃苗害虫起到了非常好的生物防治作用。生物防治往往不需要任何开支,利用自然界的天敌即可把害虫控制在不致为害的程度,是综合防治措施中较为理想的一种方法。利用真菌、细菌、放线菌、病毒和线虫等有害微生物或其他代谢产物,防治果树病虫。喷洒 Bt 乳剂或青虫菌 6 号 800～1 000 倍液,对防治核桃刺蛾、尺蠖、潜叶蛾、毒蛾和天幕毛虫等多种鳞翅目初孵幼虫,有较好的防效。用农抗 120 防治核桃树腐烂病,具有复发率低、愈合快、用药少和成本低等优点。

3. 利用昆虫激素防治害虫　利用昆虫激素防治核桃害虫,在果树生产中应用广泛。昆虫激素可分为外激素和内激素两种。外激素是昆虫分泌出的一种挥发性物质,如性外激素和告警外激素。内激素是昆虫分泌在体内的化学物质,用来调节发育和变态的进程,如保幼激素、蜕皮激素和脑激素。性外激素在果树害虫防治工作中,比内激素的使用范围更为广泛。由于昆虫主要是通过嗅觉和听觉来求得配偶的,人为地采用性外激素,可以大量诱集雌虫、

使雌虫失去配偶机会,从而不能繁殖,达到防治害虫的目的。通常使用的方法有:

(1)**性诱剂迷向法** 是在昆虫交配期间,通过释放大量昆虫性外激素物质或含性引诱剂的诱芯,与自然条件下昆虫释放的性外激素产生竞争,中断雌雄个体间的性信息联系,以降低虫口密度、减少后代繁殖量的一种防治技术。应用性诱剂迷向法防治害虫,需要在成虫交配活动层空间,存在稳定的生态小气候环境,便于性诱剂气体物质滞留,对雌雄个体间的交配联系起到干扰作用,使雄蛾几乎找不到雌蛾进行交配,交配率显著下降。性诱剂是一种仿生的化合物,无毒无公害,成本低廉,使用方便,用它来防治害虫,可减少因滥施农药而造成中毒事件的发生和减轻环境污染,增强自然天敌的控制作用,保持生态平衡,有利于促进农业的可持续发展。性诱剂具有以下优点:①活性强,灵敏度高,一个诱芯能引诱几十米、几百米远的雄蛾;②专一性强,选择性高,只对特定害虫发生作用;③用法简单,价格低廉,每 667 米^2 地用 1~2 个诱芯,有效诱蛾时间达 1 个月,可防治 1 个世代的蛾子;④无毒无害,污染小,属于仿生农药,不污染环境,对人、畜、天敌和作物无毒,无须直接喷施,长期使用不产生抗药性。性诱剂能够更加准确地进行虫情预测预报,它作为测报的工具和手段,既是有效的防治措施,又可有效地指导害虫的综合防治。

(2)**诱捕法** 把羽化后尚未交尾的雌虫腹末三节剪下,浸在二氯甲烷、乙醚、丙酮、苯等溶液中,将其组织捣碎滤出残渣,然后蒸去滤液中的溶剂,即可得初提物,将初提物用于喷洒。

第十章　主要自然灾害的防御

核桃树栽培生产过程中经常遇到自然灾害,主要包括冻害、早春晚霜危害和冬季抽条等。

一、冻害的防治措施

冻害是指冬天受到低温,特别是剧烈的变温使树体器官和组织受害。低温对核桃树的影响主要有两种类型:一是在冬季休眠期绝对低温的出现,若低温超出了果树在休眠期能忍受的低温范围时就会产生冻害;二是秋末冬初或早春的晚霜冻害。

(一)冬季冻害种类

1. 严寒冻害　是深冬季温度低于核桃树所能耐受的极限温度并且持续时间较长对核桃树枝干所造成的冻害。这种冻害较轻时,雄花芽、叶芽(含混合芽)受冻,鳞片开裂、芽体干枯;较重时,主干或骨干枝冻裂,根茎以上韧皮部、形成层、木质部乃至髓心变褐,或形成局部冻斑;更严重时,根茎、树干韧皮部、形成层、木质部、髓心全部变褐坏死。

核桃幼树在 −20℃ 条件下就出现冻害,成龄树最低可耐 −30℃ 低温,但 −28℃～−26℃ 低温时,枝条、雄花芽和叶芽均受到冻害。如果低温持续时间长,−22℃ 的低温也可造成枝条、雄花芽和叶芽的冻害。

2. 冻融交替引起的冻害　暖冬、初冬或早春季节,如果昼夜温差过大,白天温暖气温在 0℃ 以上,且天气晴朗,夜间寒冷,气温在 −10℃ 以下,夜间树干细胞液结冰,白天中午 13～15 时太阳直射处的树干韧皮细胞液溶化,夜间细胞液再结冰,如此反复多次,就会造成该部位细胞损伤,形成冻害。这种冻害的主要症状是树干西南方位皮部组织变褐,形成冻斑,且靠近根颈处最易受冻。

3. 初冬冻害 此类冻害偶有发生,其发生原因是初冬季节核桃树体尚未正式进入休眠期,生长旺盛的幼树和立地条件好的初果期树还没有完全落叶或刚开始落叶,树体内部代谢依然比较旺盛,枝条组织的抗低温能力较差,如遇骤然降温会使树体韧皮部和形成层受到伤害。这时的冻害以枝干为主,且以幼树和旺长树为主,主要表现是枝条韧皮部和形成层组织变褐,继而造成枝条枯死,严重的可造成 5～10 年生枝干局部或全部韧皮部、形成层组织变褐甚至死亡。

(二)冻害的主要防治措施

核桃树发生冻害的主要原因是气候,但核桃本身贮存营养状况和枝条的充实程度差也是影响冻害程度的重要因素。采用适当的栽培技术措施和管理方法可以在一定程度上减轻甚至避免核桃树冻害的发生。

1. 科学规划,适地适树 为了避免因冻害造成的损失,发展核桃必须根据核桃生物学特性和自然分布特点,明确适宜栽培区和次适宜区,在此基础上,再根据适宜栽培区内的局部小气候特点、土壤和肥水状况进行规划

2. 加强管理,提高树体的抗寒能力 一是加强肥水管理,提高树体的营养水平,重施有机肥,每年果实采收后至 10 月下旬尽可能早地施入有机肥,利用秋季根系生长高峰期,提高树体贮藏营养水平;生长季节前期,根据树体生长和结果需要,及时施入足量的速效肥,并及时灌水;生长后期,控制氮肥和浇水,避免秋后新梢旺长。二是做好疏花疏果工作,合理调节结果量,避免因结果过多而影响树体营养积累,降低越冬抗寒能力。

3. 越冬前树干刷干涂白　入冬以前,对核桃树主干和一级骨干枝基部涂白,可以提高核桃树枝干的抗寒能力,特别是可以避免冻融交替对树干的伤害。涂白剂配方为:用石硫合剂 0.5 千克、生石灰 5 千克、食盐 0.5 千克、动物油 0.5 千克、水 20 升配制树木涂白剂。在休眠期涂刷树干还可以防治腐烂病、溃疡病等。

4. 幼树防寒　结果以前的幼树,包括刚改接的树,新梢生长旺盛,停止生长晚,越冬时枝条组织充实程度差,容易发生冻害或抽条。主要预防措施如下:

(1)加强肥水管理　在正常施入基肥和追肥的基础上,注重叶面喷肥,6 月份以前喷 0.3%～0.5% 尿素,促进新梢和幼树快速生长,扩大树冠。进入 7 月份后喷施 0.3%～0.5% 的磷酸二氢钾,每隔 12～15 天施用 1 次,提高新梢组织充实程度。8 月份以后要注意肥水,并减少浇水和氮肥施用,以避免秋梢徒长。

(2)摘心　8 月底至 9 月初,对没有正常停止生长的幼树新梢要进行人工摘心,强制促其停止生长。如摘心后出现二次生长,保留两片叶进行二次摘心。

(3)埋土防寒　栽后 1～2 年的幼树,将树干向嫁接口的反方向压倒埋土防寒,埋土厚度要达到 20 厘米以上。这是幼树防寒最有效的措施。聚乙烯涂干:对树体较大无法压倒的,可以在入冬以前用聚乙烯涂抹幼树的所有枝干和新梢,然后在幼树基部堆一高 30～40 厘米的土堆,这样对防止早春新梢抽条也有较好的效果。

二、晚霜害的防治措施

(一)晚霜危害

我国北方早春正值冷暖过渡季节,经常受到冷空气的侵袭,气温突降,使正在解除休眠的核桃树遭受低温伤害;寒潮来时,如果果园局部气温降到 -2～-1℃ 以下,则会凝霜,使核桃树遭受到霜害。晚霜能使萌动的芽、花、幼叶都能受伤害。当萌动的芽受伤害后,外表变褐色或黑色、鳞片松散,不能萌发,而后干枯脱落。在花蕾和花期,花器中以雌蕊最不耐寒,遇轻霜即可受害,虽能正常开放,但不能受精结果;霜害严重时,花瓣变色脱落,雄蕊冻死。

(二)晚霜的主要防治措施

1. 选择适宜园址,选择抗冻品种　一般山区或缓坡地带建园较好,要选栽抗霜冻力较强,开花较晚,生长期较长的品种和树种,更要营造果园防护林带,以改变果园小气候。

2. 人为推迟萌动时期,避开晚霜危害

第一,保暖预防。在花芽露白或花蕾开裂期可喷 200～300 倍滑石粉,可起到穿衣戴帽保护花器的作用。

第二,改变果园小气候条件。根据当地气象部门的霜冻预报,可以采用物理防御方法防霜冻。

第三,树干涂白。春季对树干和主枝涂白,既能防治病虫害,又可以减少太阳热能的吸收,延迟花期 3～6 天,这在春季温度变化剧烈的渭北地区,效果尤为突出显著。

第四,人工喷水和喷肥。利用微喷设备在树体上喷水,水遇冷凝结时可以放出潜热,增加温度,减轻冻害。如果实行根外喷肥,如佑果蔬 500 倍液,磷酸二氢钾 0.5%,天然芸苔素 481,均可起到壮花防病、提高坐果率的作用,也能显著提高细胞液浓度而提高抗冻性,防冻效果将更好。

第五,春季灌水。萌芽前灌水能降低土温延迟物候期,可在萌芽前后至开花前灌水 1～2 次。由于土壤含水量较高,水的热容量大,使地面的气温下降缓慢,这样可以补充树体水分,而且减低地面辐射,增加空气温度,可提高地温 3℃～5℃,可延迟开花。灌水时间以霜冻前 3～7 天为最好。无灌水条件的可在早春覆草，通过覆草后早春表土地温上升缓慢，根系活动推迟，以使花期推迟3～5 天。

第六，熏烟法。当气象部门预报可能发生霜冻的夜晚，在果园内点火熏烟，使雾笼罩于果园上空。一方面可减少土壤热量的辐射散发，另一方面可使烟粒吸收湿气，使水分凝结形成液体而放出热量，提高气温。常用熏烟方法是用易燃的干草、秸秆、树锯末加上潮湿的树叶混合堆放在一起，外覆 1 层薄土压，发烟堆应分布于果园四周及中间，上风头应多一些发烟堆，以利烟雾迅速布满全园。这样可提高温度 2℃～3℃，效果显著。应注意的事项：一是熏烟时间不能太晚，应在霜冻出现 2～3 个小时前点火发烟；二是不能明火熏烟，明火发烟少，暗火浓烟多；三是应预防火灾；四是熏烟应实行联合行动，到时候一齐行动，浓烟滚滚，在果园上空形成一个大的烟雾罩，把果园整个保护起来；五是熏烟时间不能太短，应坚持整夜进行。

第七，加强综合管理增强树势及抗霜冻能力。搞好病虫防治，合理负载等，都可增强树势及树体的营养贮存水分（细胞液浓度），提高抗寒力。

第八，若霜冻已发生，更应采取积极措施加强各项技术管理，特别是追施肥水、叶面喷肥，使其迅速恢复树势；同时对晚开花没有受冻危害的花及时进行人工授粉，采取喷硼（0.3％）、尿素（0.3％～0.5％）、防落素（30 毫克/升）或磷酸二氢钾，并进行花期环切等措施，以提高坐果率；并要加强病虫防治，保护好叶片，搞好前促后控的肥水管理及各项配套措施，以充分提高树体营养贮藏水平，为优质丰产奠定基础。

三、抽条的防治措施

(一)抽条

核桃树越冬后枝干失水干枯的现象叫抽条,又称灼条,在核桃树上比较常见,往往还伴有冻害、日灼发生。核桃树越冬抽条主要是越冬准备不足的核桃树受冻旱影响所造成的。所谓冻旱,就是冬春期间(主要是早春)由于土壤水分冻结或地温过低,根系不能或极少吸收水分,而地上部枝条的蒸腾强烈,造成植株严重失水的现象。它是由于核桃树吸水和失水(蒸腾)不平衡造成的后果。核桃树抽条与外界气候影响特别大,冬春冻土深,解冻迟而地温低,早春气候干燥、多风而水分强烈蒸发,就容易造成抽条。此外,核桃品种不好、核桃本身贮存营养状况和枝条的充实程度差也是造成抽条的重要原因。

(二)抽条的主要防治措施

1. 选择抗寒性强的品种 要选择抗寒性砧木,在核桃产区,以选用当地核桃作为砧木为宜。在品种选择上,山东地区应优先选择地方优良核桃树品种,如'鲁果 12 号''西洛 1 号'等,避免发展不抗寒的核桃树品种。

2. 合理施肥 核桃园施肥时,结合秋季核桃园施肥深翻,以施腐熟的有机肥为主。一般施有机肥 3 000～4 000 千克/667 米^2,6 月份以后以追施磷、钾肥为主,配方施适量氮肥,在 8 月份喷施 0.2%～0.3% 磷酸二氢钾溶液,加 15% 多效唑 500 倍液,每隔 10 天喷 1 次,共喷 2～3 次,以促进枝条早停止生长,提高木质化程度,增强持水能力。

3. 适时灌水与排水 核桃树以田间持水量的 60%～80% 时

最有利于核桃树生长,若土壤水分不足时应适时灌水,以浸湿土层 0.8～1.0 米厚为宜。秋季要尽量少灌水,使土壤适当干旱,促进枝条木质化,以增强其越冬能力。另外,在土壤冻结前要灌足封冻水,使树体吸足水分,减少抽条。特别秋季下雨多,核桃园积水,造成核桃树烂根和落果,枝条徒长,木质化程度差,易产生抽条。核桃园中要规划明、暗沟排水系统,及时排水,可避免因涝灾造成核桃树抽条以致核桃树死亡。

4. 加强中耕除草　5～6 月份核桃灌水或雨后园要结合追肥浅锄 2～3 次,深度 10～15 厘米,从而达到消灭杂草、疏松土壤、蓄水保墒、促进根系生长、使核桃树生长健壮枝条充实的目的,以防止核桃树抽条发生。

5. 合理修剪　夏剪是核桃树幼树修剪的重点,在 4 月份要及时抹除多余的芽枝,减少养分消耗。5～6 月份对枝条进行摘心,以增加枝的粗度,积累养分。9 月初对旺长的核桃树枝条进行摘心,防枝条徒长。冬季修剪采用短剪和疏剪的方法,及时剪去多余的无效枝,减少养分消耗,改善通风透光条件,增强树体抗性。

6. 防治大青叶蝉　9 月末至 10 月初在大青叶蝉雌成虫产卵前,喷施 20% 叶蝉散乳油 800 倍液 2～3 次,7～10 天喷 1 次。结合冬季修剪,剪除被害枯梢烧毁。

7. 树干涂白　在越冬前,用石硫合剂 0.5 千克、生石灰 5 千克、食盐 0.5 千克、动物油 0.5 千克、水 20 升配制树木涂白剂,涂抹核桃树树干和大枝,以确保核桃树安全越冬,同时还可防治核桃小吉丁虫危害。

8. 喷保护膜　在抽条发生期前喷羧甲基纤维素 150 倍液,每隔 20 天喷 1 次,喷 2～3 次。聚乙烯醇涂干。聚乙烯醇∶水 = 1∶15～20,先将水烧至 50℃左右,然后加入聚乙烯醇(不能等水烧沸后再加入,否则聚乙烯醇不能完全溶解,溶液不均匀),随加随搅拌,直至沸腾,然后用文火熬制 20～30 分钟后即可。待温度降到不烫手后使用。应涂刷幼树枝干,或喷施核桃枝干。该方法对大树枝干防寒效果较好。

9. 采用地面覆盖技术 核桃树栽植后,及时给核桃树覆盖地膜,可以起到提高地温,防旱保墒,防止杂草生长,从而起到增强树势和提高核桃树抗性的作用。也可在封冻前,采用树盘周围铺30～40厘米厚的马粪,在马粪上封1层土,待土壤化冻后,将其翻入土中,同样起到增温、施肥、保墒的作用。

四、风害的防治措施

(一)风害

由于核桃叶片大,对大风的阻力大,同样大风对核桃枝条的作用力也大,但是核桃枝条髓心大,木质部质地较松,对大风的承载能力有限。如果遇到风雨交加天气枝条很容易断裂,特别是刚刚枝接的树伤口还没有完全愈合时,所以一定要防止风害。

(二)风害的主要防治措施

1. 栽植防护林 防护林主要作用是降低风速,提高局部空气温度,增加湿度等。防护的配置方法见第三章。

2. 枝接后包扎紧 枝接后要用加厚地膜由下至上包扎,直至缠到接穗顶部,再用塑料绳自上而下扎紧。

3. 绑缚支架 接穗成活后,待新梢长到20厘米左右后要及时绑扎支架,防止风害。

参考文献

[1] 高英，董宁光，等．早实核桃雌花芽分化外部形态与内部结构关系的研究[J]．林业科学研究，2010（2）．

[2] 侯宇，惠军涛，等．核桃黑斑病的发生特点与防治方法[J]．农技服务，2011（1）．

[3] 黄有文，史妮妮．核桃小吉丁虫的生物学特性及其防治[J]．农技服务，2012（4）．

[4] 庞永华，张艳红．核桃主要病虫害防治技术[J]．农技服务，2011（9）．

[5] 裴东，鲁新政，等．中国核桃种质资源[M]．北京：中国林业出版社，2011．

[6] 曲文文，杨克强，等．山东省核桃主要病害及其综合防治[J]．植物保护，2011（2）．

[7] 商靖，王刚，等．核桃基腐病发病环境调查及防治试验初报[J]．新疆农业大学学报，2010（4）．

[8] 宋金东，王渭农，等．核桃举肢蛾药剂防治关键时期及综合测报技术[J]．北方园艺，2010（16）．

[9] 苏国顺，何水柯．核桃高产栽培技术[J]．河南省农业，2011（8）．

[10] 王海平．核桃树栽植及幼园管理技术[J]．西北园艺，2011（8）．

[11] 王玉兰，唐丽，等．核桃树冻害发生原因及冻害预防对策[J]．北方园艺，2011（5）．

[12] 王云霞，王翠香，等．良种核桃丰产栽培技术[J]．防护林科技，2011（6）．

［13］　吴玉洲，范国锋，等．核桃育苗及栽培技术［J］．中国园艺文摘，2011（10）.

［14］　郗荣庭，张毅萍．中国果树志　核桃卷［M］．北京：中国林业出版社，1996.

［15］　郗荣庭，张毅萍．中国核桃［M］．北京：中国林业出版社，1994.

［16］　张天勇．核桃腐烂病发生规律及防治技术［J］．陕西省林业科技，2012（3）.

［17］　张志华，王红霞，等．核桃安全优质高效生产配套技术［J］．北京中国农业出版社，2009.